贾东　主编　建筑设计·教学实录　系列丛书

地域意识·地域性视角下的建筑设计课程

王新征　著

U0194997

中国建筑工业出版社

图书在版编目（CIP）数据

地域意识·地域性视角下的建筑设计课程 / 王新征
著. — 北京：中国建筑工业出版社，2018.12
（建筑设计·教学实录系列丛书 / 贾东主编）
ISBN 978-7-112-23137-9

Ⅰ.①地… Ⅱ.①王… Ⅲ.①建筑设计 — 教学研
究 — 高等学校 Ⅳ.① TU2

中国版本图书馆CIP数据核字（2018）第298056号

　　本书通过自发的地域意识，被激发的地域观念，设计课程的引导作用，设
计竞赛的导向性，地域意识、传统意识与乡土意识，地域形式等几个章节的阐
述，并通过建筑学专业的课程作业，引发相关思考，以期激发和引导学生的实
践道路，并将这种思考反映到实际的建筑环境中去。本书适用于建筑学及相关
专业的在校师生阅读使用。

责任编辑：吴　绫　唐　旭　张　华
责任校对：李美娜

贾东　主编　建筑设计·教学实录　系列丛书
地域意识·地域性视角下的建筑设计课程
王新征　著
　　　＊
中国建筑工业出版社出版、发行（北京海淀三里河路9号）
各地新华书店、建筑书店经销
北京点击世代文化传媒有限公司制版
北京中科印刷有限公司印刷
　　　＊
开本：787×1092毫米　1/16　印张：6½　字数：121千字
2019年3月第一版　2019年3月第一次印刷
定价：35.00元
ISBN 978-7-112-23137-9
　　　（33224）

前　言 | PREFACE

　　近代以来，我们的建筑学始终面对并探寻着这样一个问题：如何在全球化和地域性之间求得平衡。在不同的历史时期，这个问题可能以不同的面貌呈现出来：西洋式与中国式、国际形式与中国形式、社会主义内容与民族形式、现代性与传统性，诸如此类，皆可视为从体用之辩到强弱之争的文化碰撞在建筑学领域的体现。这种状况同样反映在建筑教育领域，并且往往由于建筑教育固有的理想主义色彩和前瞻性而显得更为激烈。

　　相对来说，今天无论是设计实践还是教育领域，对待全球化与地域性的态度看上去都已经显得更为平和。在大环境上，建筑学乃至整个文化和艺术领域都面临着理想主义的全面退潮和功利主义的泛滥，教育行业的状况也大体如此。"多研究些问题，少谈些主义"的态度固然使得学术氛围和实践环境都更趋于宽容，但实际上恐怕也很难说清这种宽容到底在多大程度上是出于一种犬儒主义的心态：技术的快速进步、产品的丰富和性能的提升，使得生存质量对建成环境的依存度大大降低，加之世界大部分地区半个多世纪以来的和平状态以及不断提高的城市化水平，当代的建筑师已经很难有信心去谈论某种建筑学意义上的分歧所能够具有的明确的现实意义，所有的极端立场和可以被归为"主义"的姿态同样也就显得脆弱而易受攻击。在这种情况下，当代建筑学的核心议题似乎只剩下了两个方面：新的科学观念和技术方法在建筑学领域的移植以及在"政治正确"立场下对社会问题的回应。其中前者通常是浅显的甚至似是而非的，而后者则往往仅仅作为一种姿态的表达而非行之有效的方法。作为上述状况的表现之一，在全球化的含义从积极转向中立甚至负面的同时，关于地域建筑的态度也从"地域主义"蜕化为"地域性"，乃至更为模糊而中性化的"地域意识"。

　　正是从对这一状况的关切出发，本书希望通过对一所高校的建筑学专业在一个特定时间断面上的若干设计课程作业的考察，引发对如下一些相关问题的思考：在建筑学专业的基础教育阶段，学生在多大程度上、以什么样的方式关注地域性问题？设计课程、设计竞赛中地域性主题和内容的设置对学生的影响如何？这些自发的或被激发和引导的对地域性的关注会在多大程度上影响学生未来的实践道路，并且最终反映到实际的建筑环境当中去？

目 录 | CONTENTS

第1章 自发的地域意识

近代以来建筑学领域关注的很多重要问题，并非来自于建筑学自身，地域性问题也是其中之一。无论是面对传统时期相对清晰的地域界线，还是身处近代以来不断加速的全球化进程之中，明确自身的血缘、地理以及文化定位始终是个体的一种本能。同时，相对于传统时期主要依靠地理界域实现的区隔，当代的地域意识很大程度上受到族群、宗教、社会阶层、民族国家、意识形态以及文化形态的影响而显得更为复杂。在这种情况下，即使纯粹地理意义上的地域性因为某种原因而被忽略，个体一般也会在其他层面上表现出某种文化意义上的地域意识。

就建筑学教育所面对的大学生群体而言，在接受建筑学教育之前，受到阅历和知识结构的影响，其地域意识的体现是非常多样化的。这种多样性会较明显地体现在低年级的建筑设计课程作业当中。部分学生会较为积极地采用某种传统的或地域性的建筑形式，并在主观上有通过建筑形式体现某种文化倾向的意愿，与另一部分学生对现代主义形式的偏爱形成鲜明的对比。

总体上看，在这一阶段，学生对地域性的认识是较为简单粗放的。关于地域性的知识和体验大体上来自于个人的成长环境或旅游之类的零散生活经验，偶然性较大，通常无法建立起对地域建筑较为系统的认识。同时，对地域性的理解更多地表现为基于宽泛的国家和民族视角的文化热情，几乎完全不具备文化理论和建筑实践领域的相关专业知识。

相应地，在设计作业中，对地域性的表达通常为通过在建筑的体量或立面上添加传统建筑形式或构件，来体现一种"中国建筑"的意象。所选取的要素多为坡屋面、斗栱等传统建筑中最为典型的形式或构件，同时一般并不关注这些要素的地域差异以及与特定建筑场地之间的关联性。对要素的使用通常是符号式的，并不涉及建筑的功能和结构体系，与建筑造型的其他部分之间往往也缺少有机的联系。此外，少数学生会注意到材料对于建筑地域性表达的重要作用，从而有意识地在设计作业中使用，但却很少关注与材料相关联的构造做法问题。

另一方面，大多数学生仍会选择简洁的现代主义形式。这部分来自于一种当代主流的美学观念的潜在影响，部分则源自于整个建筑教育体系坚定不移的现代主义导向，同时也与技能的限制有关：对于缺乏美术技能的初学者来说，传统或地域性风格的表现难度显然要高于现代主义风格的建筑。

此外，在低年级学生的美术训练——例如素描、水彩、钢笔画等——中也有部分中国传统建筑和地域性建筑的相关内容，但总体上看，并不会对设计作业中的建筑风格选择有明显的影响。

图 1-1（a）

作业题目：石膏造　年级：一年级上　学生：赵岩、俄子鹤、孙越　指导教师：彭历

2013 年"全国高等学校建筑设计教案和教学成果评选活动"优秀作业

"石膏造"是一年级设计课程"五造"系列作业的一部分，其目的是以特定材料为起点，引导学生理解材料和建造在设计过程中的重要性，对材料逻辑和构造逻辑建立初步的认识。从作业中能够看到，对中国传统园林建筑的分析成为设计的起点。

網師之韻——网师园空间界面推衍

对比分析

网师园入口

□建筑空间
□露天空间
—视线

网师园空间成郁闭、半郁闭空间组合，视线控制在局部空间范围，郁闭感强。

模型入口区域

通过廊檐似的设计减少进光量，将空间做暗，突出空间郁闭感。

墙高设计为5米，入口廊道宽度设计为1.5米，D/H为3/10，突出廊道高耸感。

5.00m
1.50m

通过有意将空间做长做暗使人在长30米的通道中感受到幽深的空间感。

集虚斋

→直接路线
--→间接路线

■私密空间 ■半开放空间 ▨开放空间 ▨半私密空间

模型东北区域

形式解释

高墙形式源于园内高大建筑
六边形开洞源于园内漏窗
呼应

网师园湖面

模型中央区域

模型中央开敞区域旨在模拟网师园湖面视线通透的观景空间，中央的大空间与周边的小空间形成极强的空间对比感。

殿春簃

■私密空间 ■半开放空间 ▨开放空间 ▨半私密空间

模型西南区域

形式解释

廊道的形式

—直接视线
--间接视线

月到风来形式

湖南岸

湖南岸廊道曲折，视线较为狭窄，与建筑形成穿梭、交叉、对比。

模型南面区域

形式解释

假山的演变形式

石膏小体量模型模拟湖南岸的假山，通过石膏的高耸和薄厚体现假山的特性。

石膏模型运用转折变化的高墙围和出路线曲折，大小对比的流线空间。

立面对比分析

石膏东剖面源于网师园湖东岸立面高差。石膏突突出墙体恰如其分的反映了湖东岸建筑立面。

网师园1-1剖面图
石膏模型2-2剖面图

立面展示

东立面图
北立面图
西立面图

3-2

图 1-1（b）

作业题目：石膏造　年级：一年级上　学生：赵岩、俄子鹤、孙越　指导教师：彭历

图 1-1（c）

作业题目：石膏造　年级：一年级上　学生：赵岩、俄子鹤、孙越　指导教师：彭历

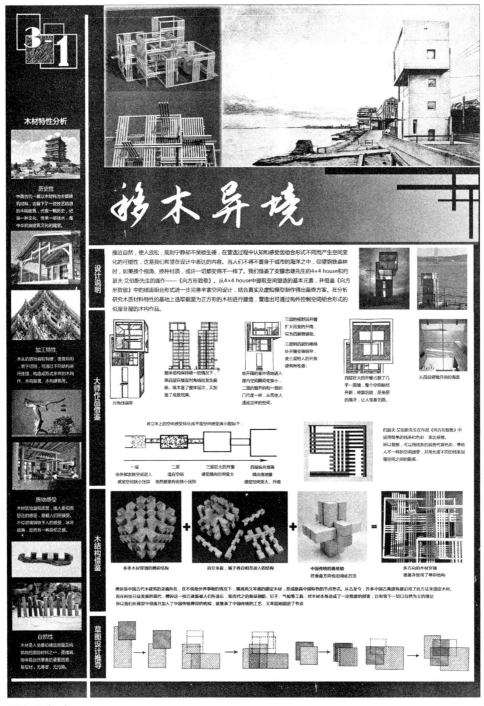

图 1-2（a）

作业题目：木造　年级：一年级上　学生：王欣、李雪飞、张亮亮、钱笑天、卢薪升、骆路遥、张屹然、吴兴晔　指导教师：彭历、王晓博

2014 年"全国高等学校建筑设计教案和教学成果评选活动"优秀作业

"木造"是一年级设计课程"五造"系列作业的一部分，其目的是以特定材料为起点，引导学生理解材料和建造在设计过程中的重要性，对材料逻辑和构造逻辑建立初步的认识。从作业中能够看到，木材连接构造的设计受到了中国传统建筑中的榫卯和鲁班锁的启发。

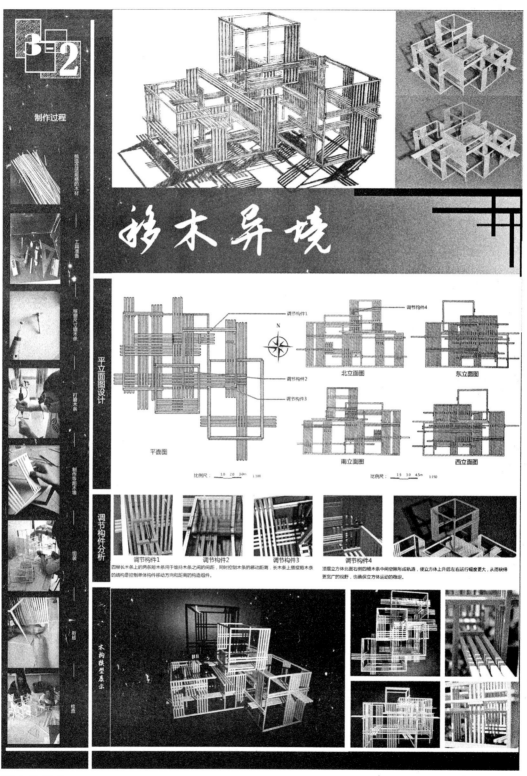

图 1-2（b）

作业题目：木造　年级：一年级上　学生：王欣、李雪飞、张亮亮、钱笑天、卢薪升、骆路遥、张屹然、吴兴晔　指导教师：彭历、王晓博

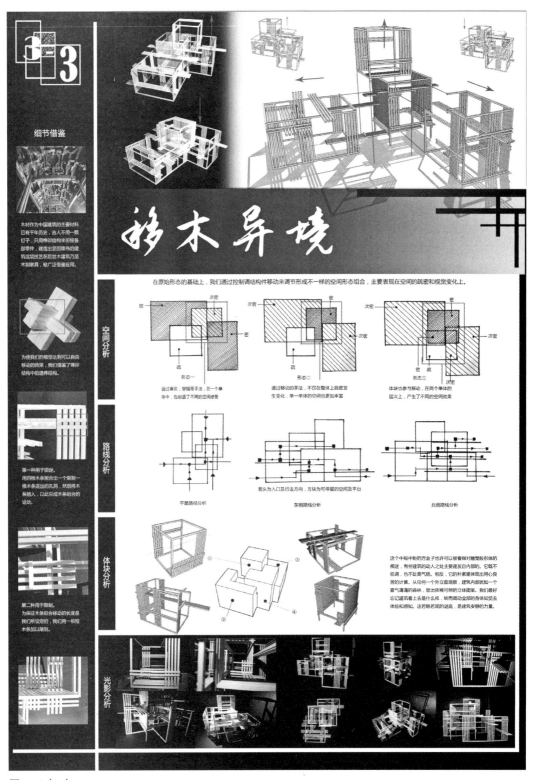

图 1-2（c）

作业题目：木造　年级：一年级上　学生：王欣、李雪飞、张亮亮、钱笑天、卢薪升、骆路遥、张屹然、吴兴晔
指导教师：彭历、王晓博

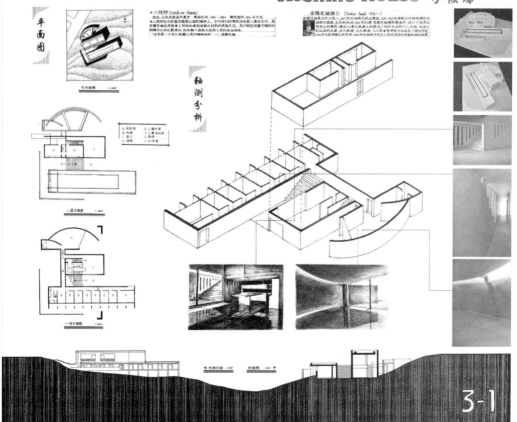

图 1-3（a）

作业题目：佳作分析　年级：一年级下　学生：潜洋、王子豪、王潇潇、尹思南　指导教师：潘明率、王新征
2012 年"全国高等学校建筑设计教案和教学成果评选活动"优秀作业
可以看到，在对安藤忠雄作品的分析中，日本文化和建筑的关联性尚未成为关注的重点。

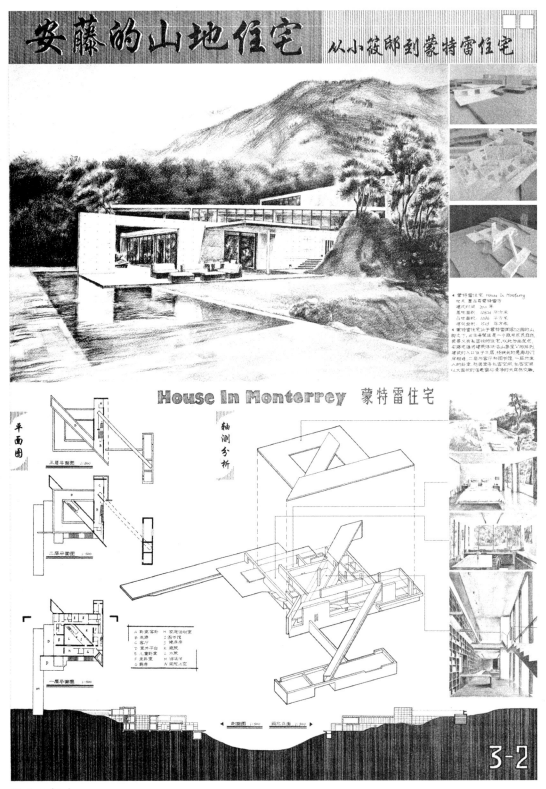

图1-3（b）

作业题目：佳作分析　年级：一年级下　学生：潜洋、王子豪、王潇潇、尹思南　指导教师：潘明率、王新征

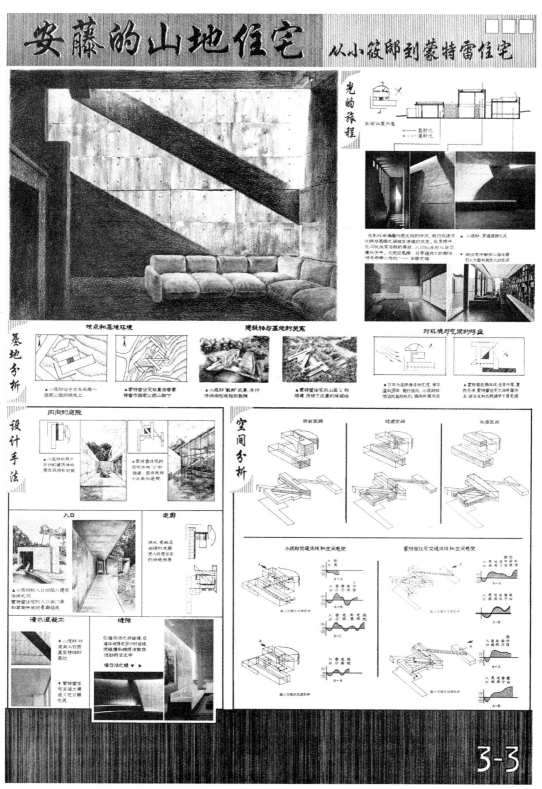

图 1-3（c）

作业题目：佳作分析　年级：一年级下　学生：潜洋、王子豪、王潇潇、尹思南　指导教师：潘明率、王新征

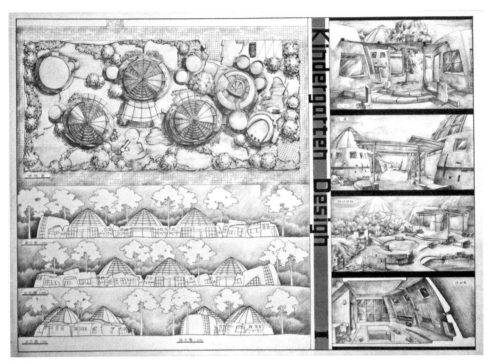

图 1-4（a）

　　作业题目：幼儿园设计　年级：二年级下　学生：王焕燃　指导教师：贾东、王新征

　　作业中采用了类似原始聚落的功能布局和建筑形态来回应幼儿建筑的功能和形式需求，这也是低年级建筑设计中较为常见的做法。

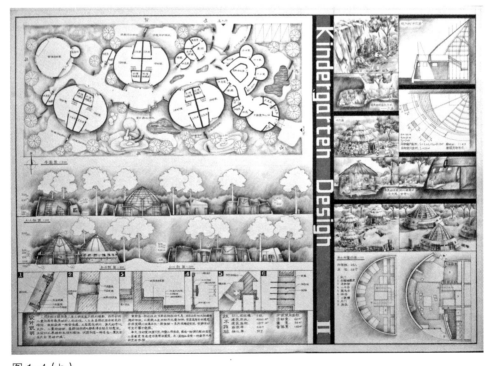

图 1-4（b）

　　作业题目：幼儿园设计　年级：二年级下　学生：王焕燃　指导教师：贾东、王新征

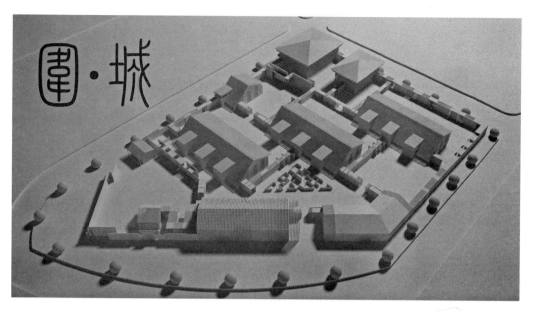

设计说明

该设计以"围合"和"交流"为基本概念，在烦躁的钢筋混凝土的都市中围合出一处儿童的世界，以统一、理性的手法组织单元空间、公用空间以及室外空间。本构单元错落布置，通过"连廊"的形式解决单元间的交流，形成院落布局，更营造出丰富的室外空间，增加儿童在室外的活动以及相互的交流。设计理念受到墨西哥建筑师巴拉干的影响，力求通过"围合"以及创造"交流"，营造出一个属于儿童的静谧、温馨的世界。

巴拉干曾说，外界是不友好的。于是他的建筑总是有高墙与外界相隔。在墙内，巴拉干用他的墙、色彩、水、阳光以及他的墨西哥风情构造着属于他自己的静谧而愉悦的世界。墙的竖立并不是彻底的与外界隔离，而是确立了一种人与人的关系：亲人、友人、陌生人抑或敌人。内外并不随着墙的竖立而分割，只是形成了一种关系，墙只是这种关系的一种提示或者表达。

建筑面积：3550平方米
建筑密度：47%
容积率：29%
绿化率：41%

图 1-5（a）

　作业题目：幼儿园设计　年级：二年级下　学生：肖国艺　指导教师：崔轶、王新征
　作业通过墙、院、廊等要素塑造幼儿建筑的场所感，同时通过木材的使用来强化温暖的感受，虽然并未刻意强调建筑的地域性特征，但坡屋面等要素的使用还是使方案有别于通常的现代主义风格。

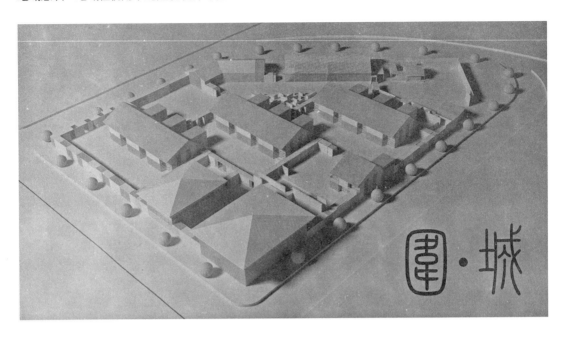

连廊丰富的形态和光影变幻

该给孩子一个什么样的世界？围绕着这个问题进行设计的灵感找寻。孩子的世界应该是自由的、无邪的、充满想象的世界。在里面没有外界的嘈杂、纷扰，而且并不是拘泥在狭小的室内，而是在洒满阳光或者雨珠的树下、草地上、墙角边抑或屋檐下，用孩子特有的眼光打量这个世界。

单元间的连廊设计，不仅创造了"交流"，更是通过不同的空间形态以及光影变化，营造出变幻的空间氛围，创造出一个儿童的充满梦幻的世界。

连廊各种开启状态

连廊的空间形态以及光影变化设计

连廊可开启设计　根据天气等情况选择连廊状态

旋转

推拉

2

图1-5（b）

作业题目：幼儿园设计　年级：二年级下　学生：肖国艺　指导教师：崔轶、王新征

总平面 1：2000

色彩，作为空间的塑造者之一，能够赋予空间以不同的情感。她能够影响人与空间环境的交流，以及在那发生的互动。色彩的组合给予了空间无限的变幻。空间的功能引导色彩的组合，同时色彩的组合也影响空间的性质，以及给人的感受。

对智力有益的色彩：黄、黄绿、橙、淡蓝

儿童房寝室配色

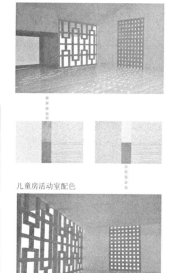

交通分析以及主次入口选择　室外迷宫设计　坡屋顶采光设计

儿童房活动室配色

3

图 1-5（c）

　　作业题目：幼儿园设计　年级：二年级下　学生：肖国艺　指导教师：崔轶、王新征

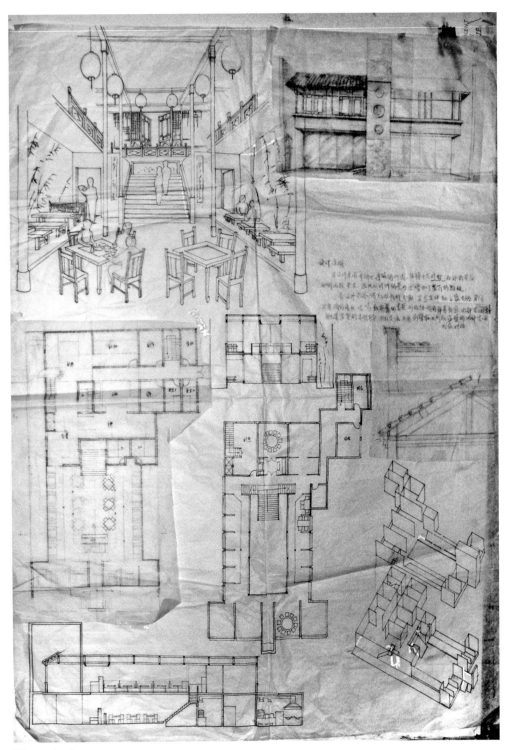

图 1-6（a）

作业题目：餐馆设计　年级：二年级上　学生：徐爽　指导教师：贾东、王新征

第一次草图

从第一次草图的中国传统风格，到第二次草图和正式图纸的现代风格，可以看到学生对待风格问题的不确定态度。

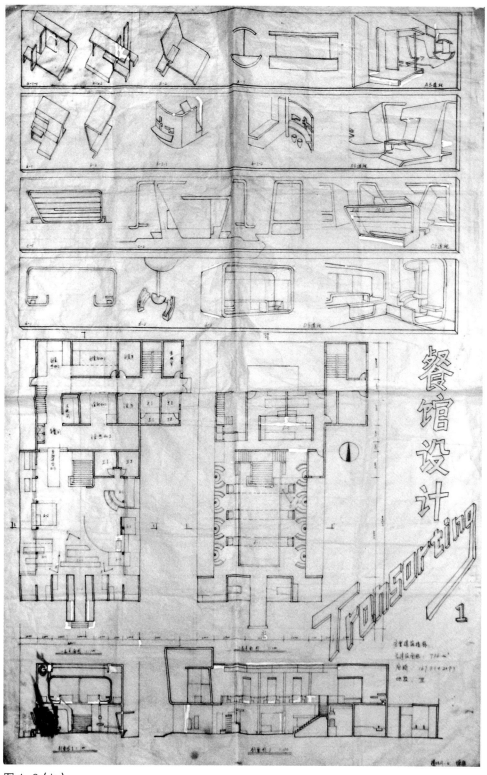

图 1-6（b）

作业题目：餐馆设计　年级：二年级上　学生：徐爽　指导教师：贾东、王新征

第二次草图

图 1-6（c）

作业题目：餐馆设计　年级：二年级上　学生：徐爽　指导教师：贾东、王新征

正式图纸

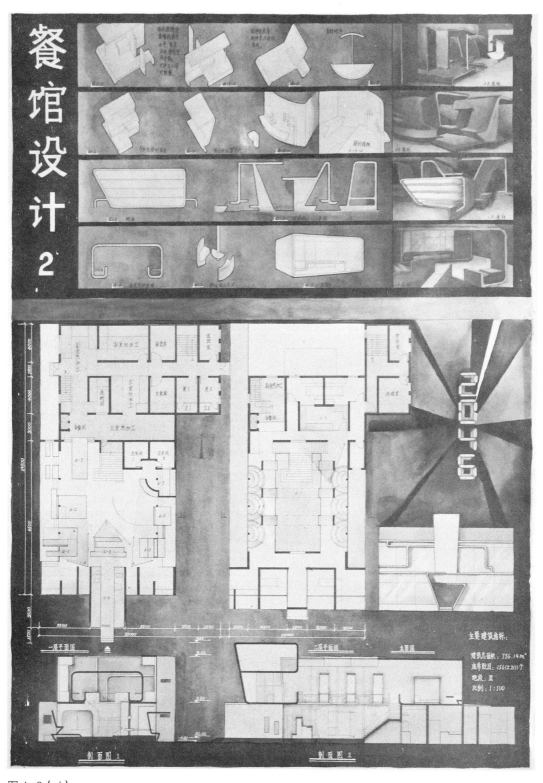

图 1-6（d）
　作业题目：餐馆设计　年级：二年级上　学生：徐爽　指导教师：贾东、王新征
正式图纸

图 1-7（a）

美术训练中的传统建筑和地域性建筑：素描写生　学生：潜洋

图 1-7（b）
美术训练中的传统建筑和地域性建筑：素描写生 　学生：潜洋

图 1-7（c）

　美术训练中的传统建筑和地域性建筑：钢笔画写生　学生：潜洋

第 2 章 | 被激发的地域观念

尽管当代的建筑教育体系从整体上看无疑是指向现代主义的，但伴随着20世纪中叶以来建筑学领域对乡土建筑和地域性的关注，建筑教育体系中也不断被注入更为丰富的内容。对于中国的建筑实践和建筑教育来说，更是从伊始便笼罩在近现代中国体用之辩和古今中西之争的阴影之下。无论对于建筑师还是教育者来说，是否需要以及是否可能提供现代主义道路之外的选项，或者至少为现代主义的内核附加上与中国文化相关联的组成部分，就成为一个无法回避的问题。

在课程体系方面，一方面在建筑历史系列课程中，古代建筑史部分无论从教材还是授课来看，总体受重视程度和水平都要高于近现代建筑史部分，而中国近现代建筑史部分的分量单薄，更是使得在建筑史教育中，"中国建筑史"几乎可以等同于"中国古代建筑史"。这在客观上使得学生更容易倾向于在课程设计中使用与中国传统建筑相关联的某些要素。另一方面，建筑学教学体系中其他的地域建筑、乡土建筑与传统建筑相关课程——例如地域建筑与传统聚落、古建筑做法、古建筑修缮保护技术、中国园林史、文化遗产保护概论、文化景观与遗产保护原理、遗产保护与城市更新等——也同样从课程教学的角度激发了学生对于地域建筑的兴趣和认知，促进了地域观念的形成。

此外，对于在建筑学的学习中作用不亚于课程学习的空间体验而言，中国传统与乡土建筑的内容同样在其中占据了相当的比重，并且由于中国城市中近现代以来可资体验的优秀案例相对较少（尽管近年来这种状况渐有改观），使得古建筑、传统聚落和乡土建筑、传统园林实际上成为学生有目的的建筑体验中更为主要的部分。同时，当代城市空间环境的混乱无序和优秀实例的相对稀缺使传统与乡土建筑优秀的方面被进一步凸显出来（尽管这种优越性在传统时期或乡土环境中也远非一种普遍现象，而更多的是因为保存至今的实例往往是其中较为优秀的一部分，同时古代建筑史的教材和授课方式一定程度上强化了这一点）。从这个意义上，对传统与乡土建筑的关注成为对当代城市建设质量和建筑设计水平不满的产物，同时这在客观上也使得中西问题和古今问题在很大程度上被混淆在一起。

作为以上诸因素综合作用的结果，在经过一段时间的专业学习后，学生对地域性建筑的认识整体上来说逐渐变得更为清晰。在传统建筑方面，开始关注时代之间的差异；在乡土建筑方面，对中国各地域之间的差异也有了一定的认识。同时，在具体的设计手法方面，从单纯依赖符号式的造型语言，逐渐转向对建筑的功能和空间组织方式、比例、尺度以及结构、材料、构造等要素的综合考量。对于传统园林特别是私家园林的关注并探索其在当代建筑中的应用也是较普遍的趋势。

　　此外，受中外联合教学活动普及的影响，学生对建筑地域性问题的认识也开始超越中国建筑的范畴，并在一些课程作业或设计竞赛中表现出对其他文化背景和建筑传统中的地域性问题的关注。但总体上看，多停留于文化猎奇的层面，缺少对对象地域性的深度理解。

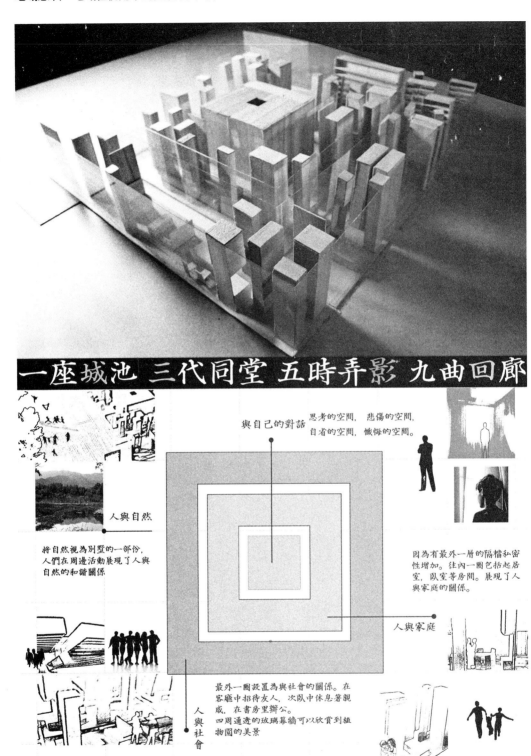

图 2-1（a）

作业题目：别墅设计　年级：二年级上　学生：关嘉艺　指导教师：王新征

作业着眼于对中国传统居住空间的追忆，但并没有执着于传统民居的具象形式，而是尝试从对其空间特征的解析出发，以抽象化的建筑语言重现传统民居与城市的空间意象。

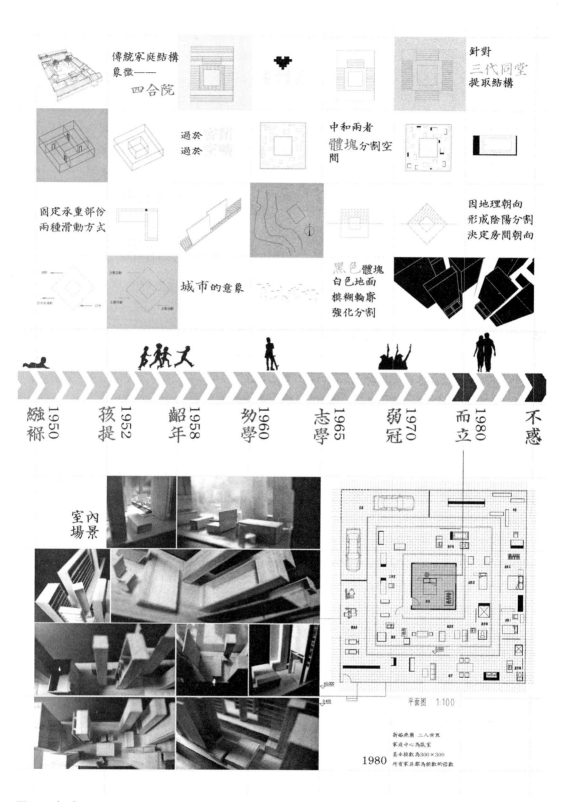

图 2-1（b）
作业题目：别墅设计　年级：二年级上　学生：关嘉艺　指导教师：王新征

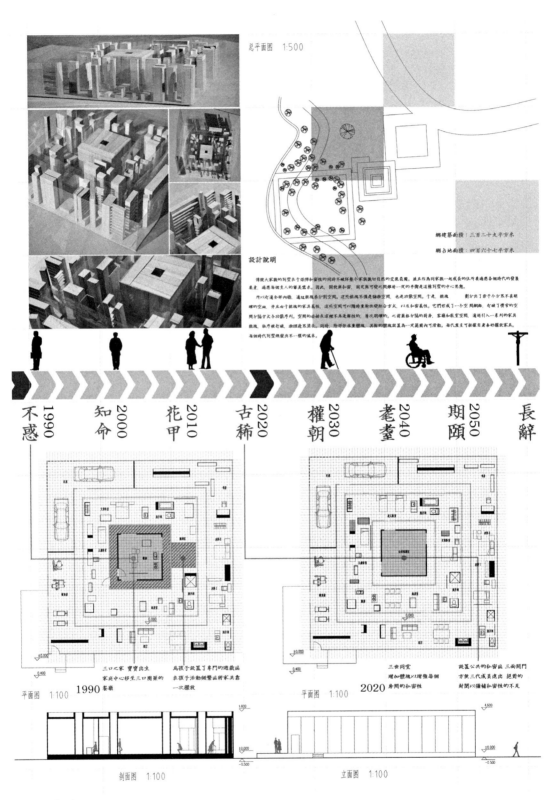

总平面图 1:500

设计说明

图 2-1（c）

作业题目：别墅设计　年级：二年级上　学生：关嘉艺　指导教师：王新征

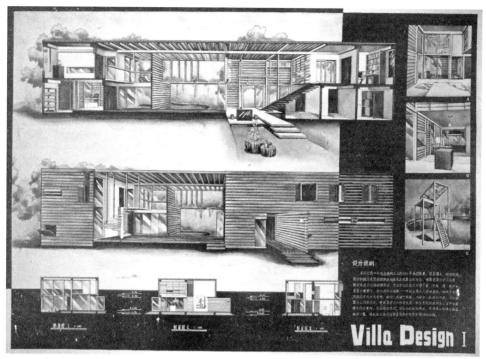

图 2-2（a）

　　作业题目：别墅设计　年级：二年级上　学生：徐爽　指导教师：贾东、王新征

　　作为风景区中的度假别墅，作业选择通过木材的使用来体现建筑与环境的联系，同时已经开始关注构造形式对材料表达效果的影响。

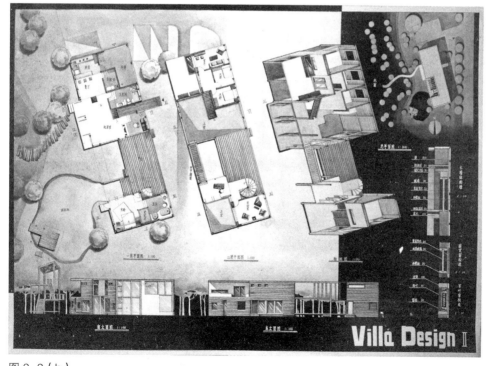

图 2-2（b）

　　作业题目：别墅设计　年级：二年级上　学生：徐爽　指导教师：贾东、王新征

第 3 章 | 设计课程的引导作用

对于建筑学专业的学生来说，设计系列课程是专业学习的核心内容。而对于教师来说，设计系列课程也是向学生传达其建筑观念的最为直接和有效的手段，因而往往会对建筑理论和实践的变迁有较为敏感的反映。近年来，随着设计实践领域对地域性问题更趋关注，建筑学设计课程中与地域性相关的内容也有明显增加。

大体上看，设计课程中的地域性内容包含如下几个方面：

较为常见的是简单地通过指定特定的设计场地为设计题目增加地域性的元素，通常并不在设计任务书中给予额外的提示或限定。这类设计题目并没有显著的引导性和强制性，相应地，学生的回应往往也具有较强的开放性。

在一些实例中，所指定的设计场地的地域性特征相对更为鲜明，例如位于历史文化街区、传统村落等具有清晰的地域建筑背景和文化价值的地段，并且在场地周边有重要的古建筑或者成规模的乡土建筑，成为具有强烈提示性的背景，从而主动引导学生在设计中选择具有地域性特征的设计理念和手法。

在更为强调设计作业题目的地域性导向的情况下，不仅会通过具有明确特征的设计场地引导学生对地域性的关注，同时还会在任务书中对于设计题目的环境特征和文化背景予以清晰的提示，从而进一步明确设计题目的地域性导向。

这类与地域性直接相关的课程设计一般被安排在中高年级，学生在建筑设计的思路和手法方面已经相对较为成熟，同时由于设计题目的导向性较为清晰，因此在设计作业中，学生总体上能够按照设计题目的预期进行回应。同时，部分学生已经开始围绕地域性问题进行较为深入的思考。在设计手法方面，单纯依靠符号式造型语言的做法已经较少采用，在建筑的功能、空间、比例、尺度、结构、材料、构造等方面体现地域特征成为更普遍的做法。

另一方面，作业之间的差异也显示出了对待地域性问题的态度的分野，部分作业坚持采用现代主义风格的建筑形式，甚至可以说是刻意地与地域性的表达方式保持距离。同时，地域性表达的具体手法也存在着很大的分歧，无论是诸如合院式之类的空间组织形式还是木材等建筑材料，究竟是否与建筑地域性的表达存在实质性的关联，实际上都是存在争议的。即使在认同这些因素本身与地域性之间联系的情况下，具体的手法也可能存在很大的差异，并且前文提到的中西问题与古今问题的混乱状况仍然困扰着对于地域性的准确界定。这些问题实际上并不仅仅出于学生知识体系的不完备或者设计经验的欠缺，而是在当代的设计实践当中普遍地存在。

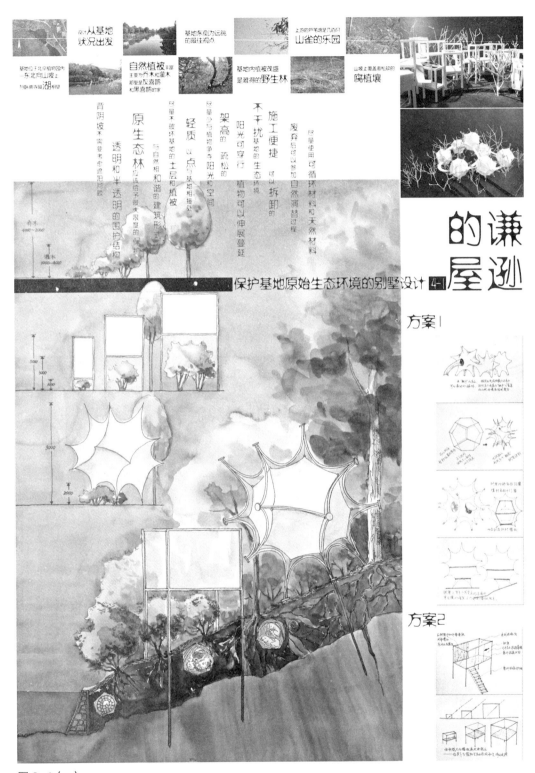

图 3-1（a）

　　作业题目：别墅设计　年级：二年级上　学生：潜洋　指导教师：王新征

　　课程作业的选址并非位于具有鲜明地域性特征的地段，但独特的自然环境仍然赋予了场地以场所感。作业从对这种独特自然环境特征的应答出发，所得到的结果并不是"地域性"的，而是"地点性"的。

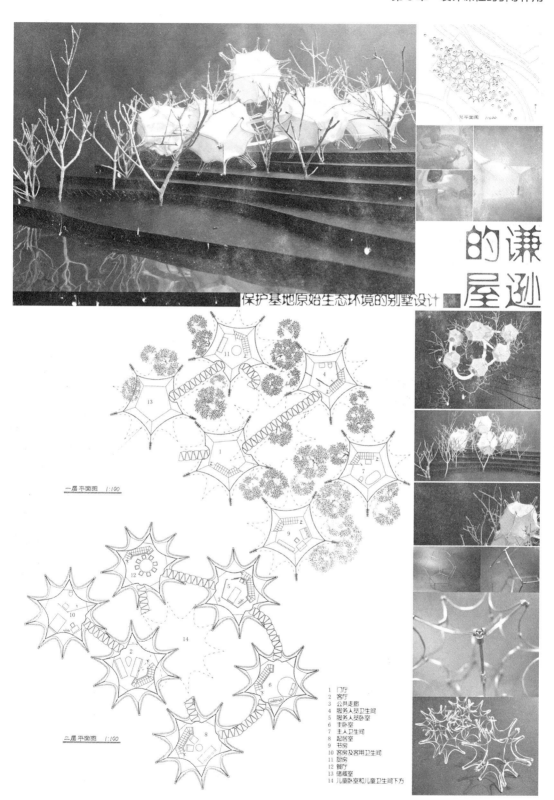

图 3-1（b）

作业题目：别墅设计　年级：二年级上　学生：潜洋　指导教师：王新征

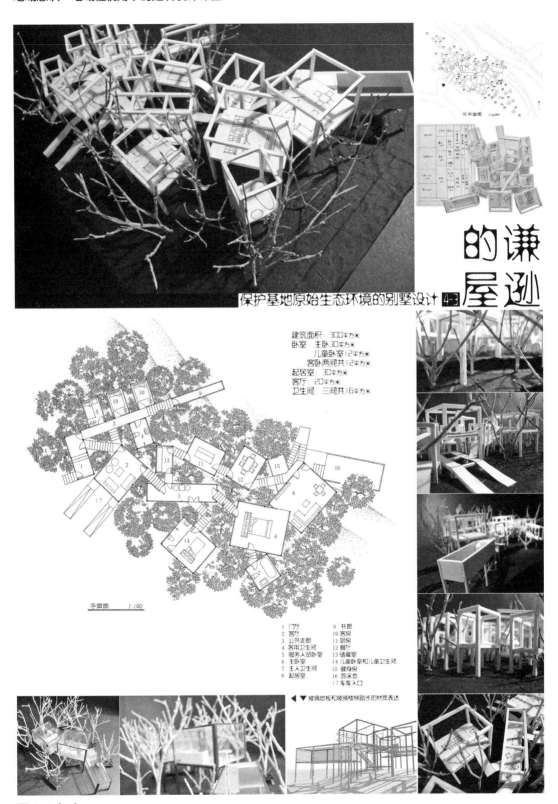

图 3-1（c）

作业题目：别墅设计　年级：二年级上　学生：潜洋　指导教师：王新征

图 3-1（d）
　　作业题目：别墅设计　年级：二年级上　学生：潜洋　指导教师：王新征

图 3-2（a）
　作业题目：别墅设计　年级：二年级上　学生：杨睿琳　指导教师：王新征

　　相同场地的另一种解答，选择了更为独立的姿态。

隙——别墅设计1

设计说明

　　隙：位于北京西郊一片山南侧的滨水区域中，是由 21 块昆凝土盒子拼成的大正方体，相邻的盒子间由走廊相接，由钢柱支撑。设计的重点在于每相邻两盒子间 600mm 宽的缝隙，缝隙直接与外界连通。由此强化使用者通过缝隙看到的多面体墙面间趣味性的光影变化，以及在缝隙中穿过时对周遭环境的感受，让住户感受环境的方式不再局限于单一的视觉上——通过缝隙间引入自然环境中的风，声音，雨等元素的方法，刺激使用者在触觉，听觉，温觉上对自然的感受，更全面地体味自然。

用地面积　1200m
建筑面积　317.7m
占地面积　139m
绿化率　　88.4%
停车位　　1

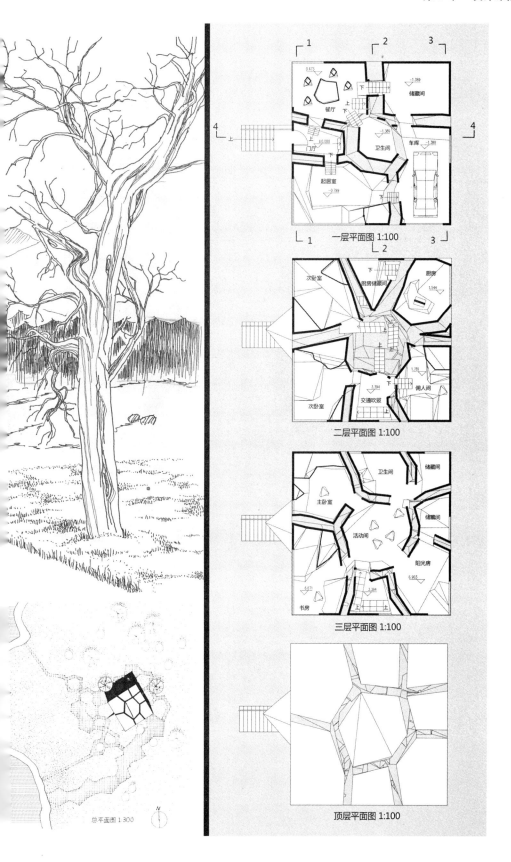

一层平面图 1:100

二层平面图 1:100

三层平面图 1:100

顶层平面图 1:100

总平面图 1:300

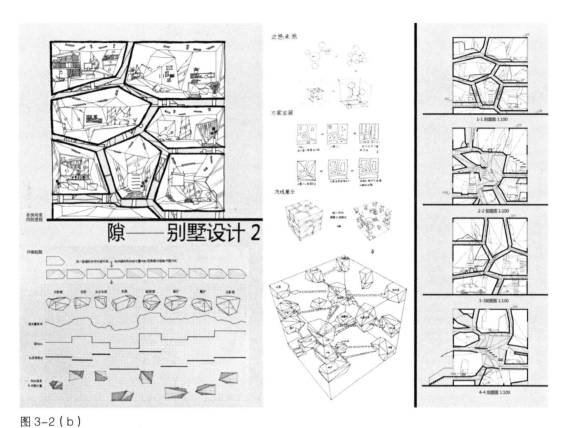

图 3-2（b）

　　作业题目：别墅设计　　年级：二年级上　　学生：杨睿琳　　指导教师：王新征

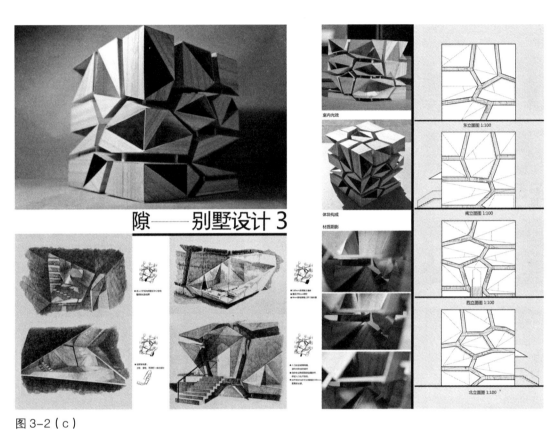

图 3-2（c）
　作业题目：别墅设计　年级：二年级上　学生：杨睿琳　指导教师：王新征

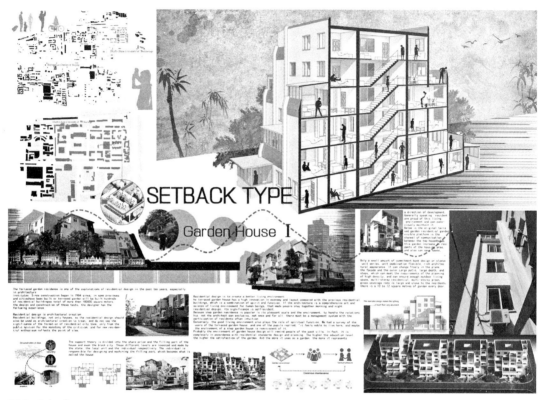

图3-3（a）

　　作业题目：北方工业大学13号楼调查与改造设计　年级：三年级上　学生：林书毅、张绪林、陈明阳、吴科蓬、龙莹、杜媛媛、陈天傲　指导教师：王新征

　　设计作业是三年级"以地域为线索的空间观念与设计拓展训练——'家'系列课题"的子课题，题目关注特定历史背景下的住宅模式，要求学生完成北京市石景山区北方工业大学13号楼功能、空间和使用状况的调查，在调查和分析的基础上在要求的设计范围内完成改造设计。

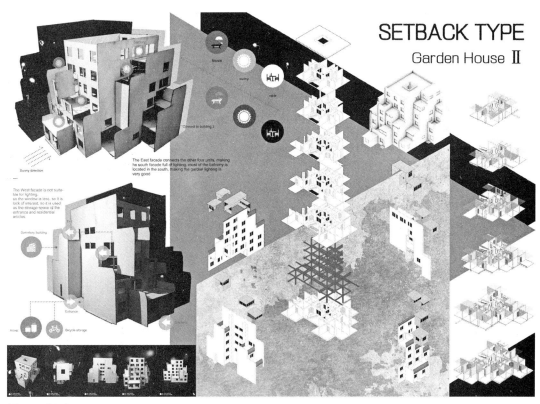

图 3-3（b）

　　作业题目：北方工业大学 13 号楼调查与改造设计　　年级：三年级上　　学生：林书毅、张绪林、陈明阳、吴科蓬、龙莹、杜媛媛、陈天傲　　指导教师：王新征

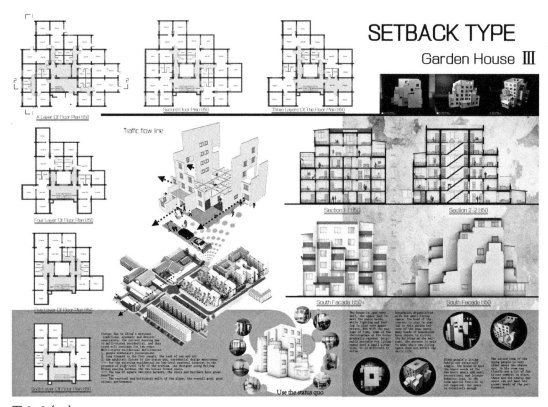

图 3-3（c）

作业题目：北方工业大学 13 号楼调查与改造设计　年级：三年级上　学生：林书毅、张绪林、陈明阳、吴科蓬、龙莹、杜媛媛、陈天傲　指导教师：王新征

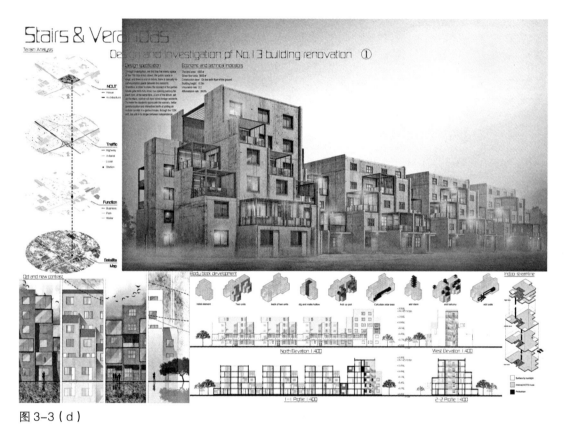

图 3-3（d）

　　作业题目:北方工业大学 13 号楼调查与改造设计　年级:三年级上　学生:林书毅、张绪林、陈明阳、吴科蓬、龙莹、杜媛媛、陈天傲　指导教师: 王新征

Status quo photo: the North facade   Status quo photo: the East facade   Status quo photo: the South facade

Site Analysis

Route of residents leaving   People gathered   Important buildings surrounded

Route of residents leaving   Vehicle route   Residents walk route

Village roads   Reade inside the building   Residents parking location

Sunshine and rain

The sun on the west side goes into the building through the patio

The courtyard at the top of a glass canopy

The staircase design makes the outdoor light free from building shade

Rainfall trend

Rainwater is piped out through the inside of the building to irrigate the garden at the bottom

The roof parapet is conducive to the discharge of rainwater

Structural analysis

roof drain-pipe

waterproof layer
insulating layer
structural layer
floated coat
fiber reinforcement
insulating layer
wall
floated coat
surface course
reinforced concrete
ceiling
lintel (reinforced concrete)
sill
apron
deformation joint
plastering
wall

Material Analysis I

Metal net ceiling
Glass door
With shutters
Top hollow design to facilitate sunlight projection
Steel frame easy to install.
Metal mesh guardrail

Stairs & Verar
Design and Inv

Model photo

3-3 Profile 1:250

图 3-3（e）

作业题目：北方工业大学13号楼调查与改造设计 年级：三年级上 学生：林书毅、张绪林、陈明阳、吴科蓬、龙莹、杜媛媛、陈天傲 指导教师：王新征

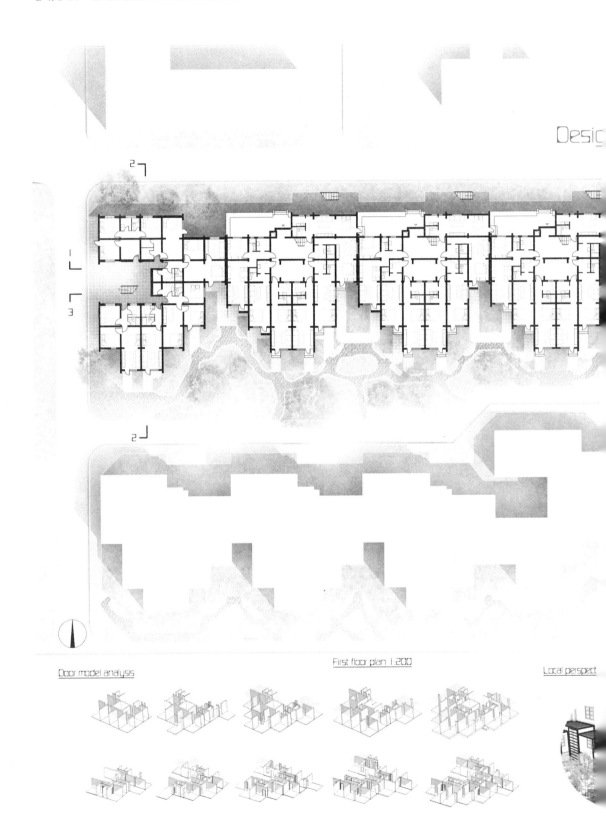

Desig

Door model analysis

First floor plan 1:200

Local perspect

Stairs & Verandas

investigation pf No.13 building renovation ③

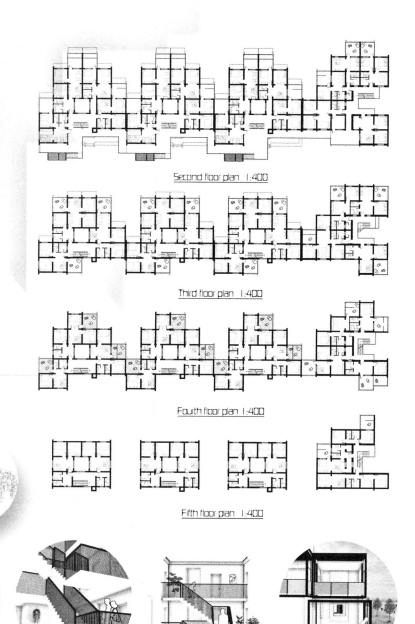

Second floor plan　1:400

Third floor plan　1:400

Fourth floor plan　1:400

Fifth floor plan　1:400

图 3-3（f）
　　作业题目：北方工业大学13号楼调查与改造设计　年级：三年级上　学生：林书毅、张绪林、陈明阳、吴科蓬、龙莹、杜媛媛、陈天傲　指导教师：王新征

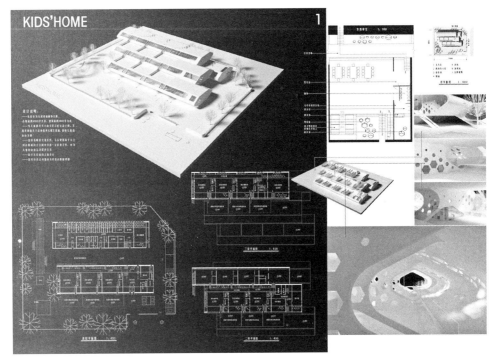

图 3-4（a）

作业题目：幼儿园设计　年级：二年级下　学生：潜洋　指导教师：王新征、张娟

"UDG"中国建筑新人战暨第二届"亚洲建筑新人战"中国区入围奖

始于现代主义风格的简洁形式仍是大多数设计作业所坚持的形式语言。

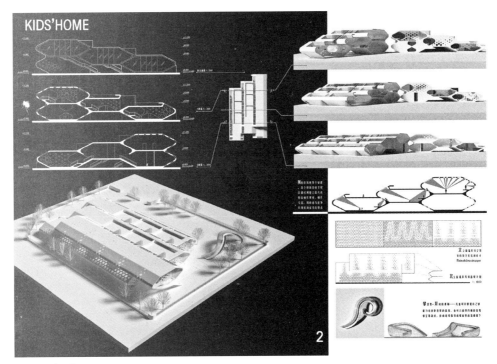

图 3-4（b）

作业题目：幼儿园设计　年级：二年级下　学生：潜洋　指导教师：王新征、张娟

第4章 │ 设计竞赛的导向性

建筑设计课程教学不可能脱离当时的建筑设计实践环境，在媒体和资讯高度发达的当代社会中尤为如此，建筑设计课程的内容和形式会敏感地反映建筑设计实践潮流的变化。而设计竞赛（这里所说的设计竞赛，不包括以职业建筑师为对象、以选择实际工程方案为目标的竞赛，而是指面向建筑学学生和青年建筑师的非工程性的竞赛类型）正是建筑教育，特别是建筑设计课程教学与设计实践之间最为直接的媒介之一。设计竞赛的主题，往往源自于当代建筑实践中所普遍关注的问题，并对建筑设计课程教学产生清晰的导向作用。

这其中尤以行业协会等官方或非官方建筑师组织、团体主办的竞赛对地域性问题最为关注。这类协会组织通常担负有协调行业与社会关系，引导行业发展方向的使命，因此相对于单纯的建筑功能和形式，更为关注建筑所承载的社会职能和文化意义。反思全球化的消极影响、倡导文化多样性自20世纪中叶后一直被作为文化领域价值取向的重要内容。因此，在这类设计竞赛中，无论是竞赛的主题和内容设置，还是参赛的设计作品，往往都体现出对地域文化、环境和美学特征的清晰回应。

这一类竞赛的评价标准往往也更为注重参赛作品对于建筑社会职能和文化价值的理解和创新，而并非单纯的形式和空间创造。从积极的方面看，这确实有利于引导学生反思过分强调形式和手法的建筑观，但同时也有诱导学生脱离建筑本体、过分强调"政治正确"和讲故事（甚至是编故事）技能的风险。这种宏大叙事倾向确实也体现在为数不少的设计竞赛获奖作品当中，并且不仅仅涉及地域性问题，在生态、贫困、种族、战争等方面甚至表现得更为明显，其结果是建筑学（及其建筑师群体）在"社会责任感"的借口下被塑造为一种无所不能的救世主的形象，与实践中建筑师面对哪怕仅仅是单纯的城市问题时的孱弱无力形成鲜明的对比。

在其他类型的设计竞赛中，对地域性问题的关注相对不那么集中，特别是在有具体设计地段和明确任务书的竞赛以及明确指向某个城市建设问题或建筑本体问题的概念性竞赛中，或是竞赛内容不关乎地域环境、文化，或是较为宽泛的地域性主题被更为具体的地点性所代替，都会使对地域性要素的关注被弱化。

此外，在竞赛主题和内容设置与地域性问题并不存在实质性关联的设计竞赛中，仍然会有一部分参赛作品选择具有地域性特征的设计地段，并将这种地域性特征作为设计方案理念和风格的重要背景和支撑。这种状况较为普遍存在，说明即使在并非刻意导向一种地域性解决方式的情况下，对特定地域环境和文化的回应仍然是重要的设计主题之一。

图 4-1（a）

作业题目：2014 年第 25 届国际建筑师协会（UIA）大学生竞赛

年级：三年级下　学生：潜洋　指导教师：王又佳、王新征

2014 年第 25 届国际建筑师协会（UIA）大学生竞赛的主题是"建筑在他处"（ARCHITECTURE OTHERWHERE），选址位于南非德班老城中心的沃里克枢纽站地区。

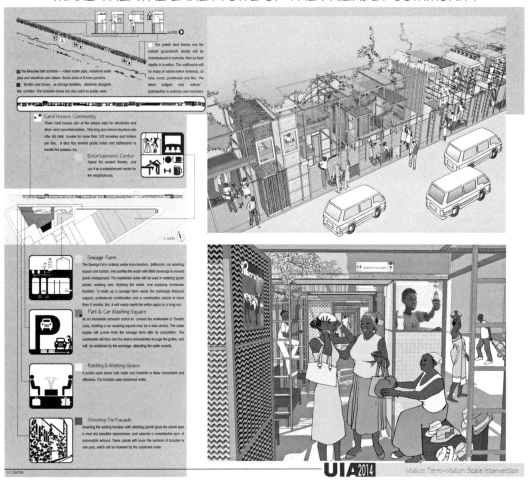

图 4-1（b）
作业题目：2014 年第 25 届国际建筑师协会（UIA）大学生竞赛
年级：三年级下　学生：潜洋　指导教师：王又佳、王新征

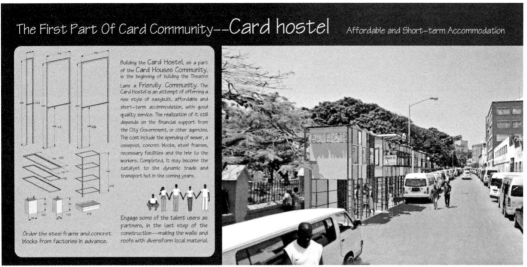

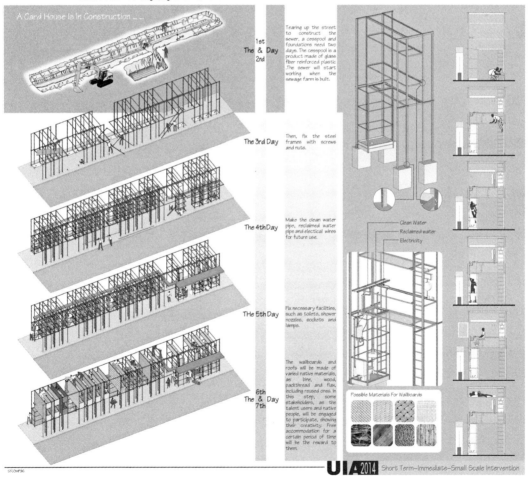

图 4-1（c）

作业题目：2014 年第 25 届国际建筑师协会（UIA）大学生竞赛
年级：三年级下　学生：潜洋　指导教师：王又佳、王新征

图 4-2（a）

作业题目：2015 年"永裕杯"竹空间设计大奖赛

年级：三年级上　　学生：曾程、刘玉倩、王黛阿　　指导教师：王又佳

2015 年"永裕杯"竹空间设计大奖赛三等奖

2015 年"永裕杯"竹空间设计大奖赛的主题是"空·竹——传承与创新下的竹材料空间设计"，旨在发掘竹子这一传统材料在建筑中的新生命，为当下的建筑以及城市更新带来更多可能。方案选址位于福建省龙岩市武平县十方镇，乡土化的环境背景和设计手法较好地回应了竞赛主题。

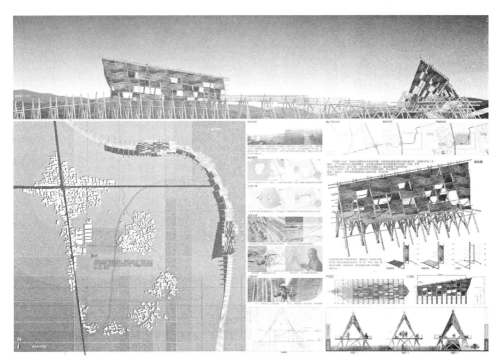

图 4-2（b）
　作业题目：2015 年"永裕杯"竹空间设计大奖赛
　年级：三年级上　学生：曾程、刘玉倩、王黛阿　指导教师：王又佳

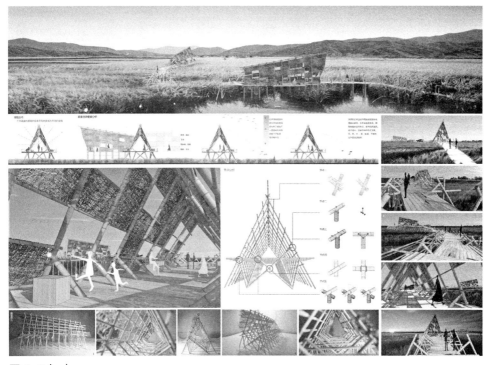

图 4-2（c）
　作业题目：2015 年"永裕杯"竹空间设计大奖赛
　年级：三年级上　学生：曾程、刘玉倩、王黛阿　指导教师：王又佳

图4-3（a）

作业题目：UIA-霍普杯2015年国际大学生建筑设计竞赛

年级：二年级下　学生：骆路遥、孙艺畅、苗菁、游奕琦　指导教师：王又佳

UIA-霍普杯2015年国际大学生建筑设计竞赛三等奖

UIA-霍普杯2015年国际大学生建筑设计竞赛的主题是"演变——多样统一性中的地域、传统与现代"，要求参与者以所提供的中国南方和北方的虚构地块为对象，或者自选地块，根据自己对日常校园生活的个人体验，设计一座具有未来视野的校园建筑。方案选址位于安徽省黟县碧山村，希望建造一个能够真正融入村庄、开放自由的建筑学院。

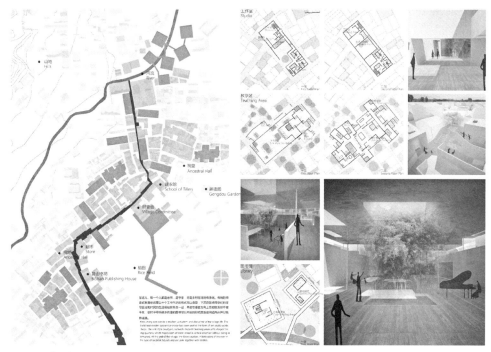

图 4-3（b）

作业题目：UIA- 霍普杯 2015 年国际大学生建筑设计竞赛

年级：二年级下　学生：骆路遥、孙艺畅、苗菁、游奕琦　指导教师：王又佳

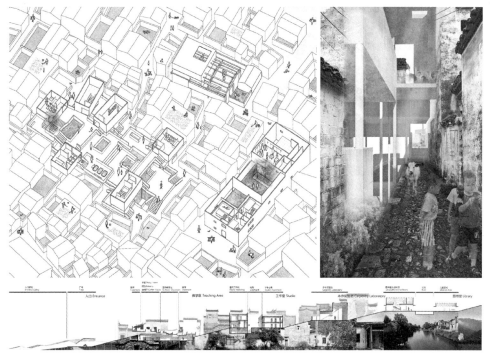

图 4-3（c）

作业题目：UIA- 霍普杯 2015 年国际大学生建筑设计竞赛

年级：二年级下　学生：骆路遥、孙艺畅、苗菁、游奕琦　指导教师：王又佳

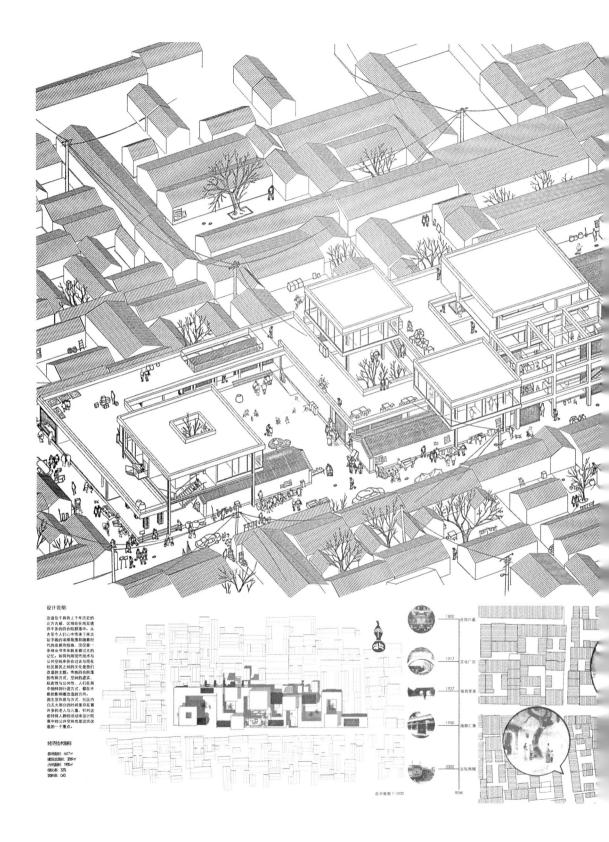

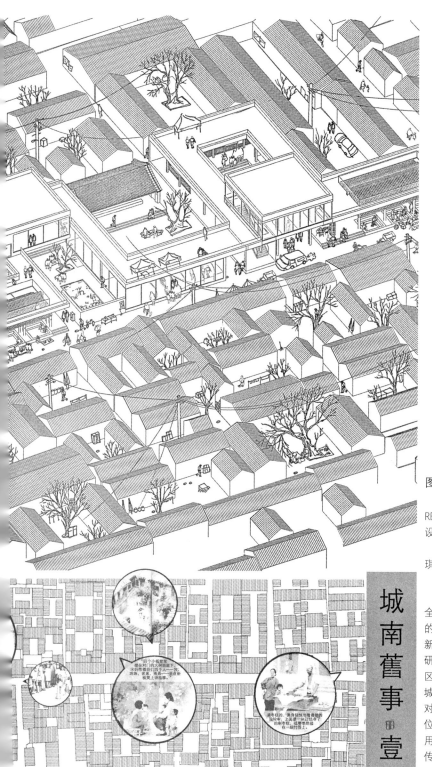

图 4-4（a）

作业题目：2015 年 AUTODESK REVIT 杯全国大学生可持续建筑设计竞赛

年级：三年级下　学生：张雅琪、赵骄阳、周雨晨、何旭

指导教师：王新征、王又佳

2015 年 AUTODESK REVIT 杯全国大学生可持续建筑设计竞赛的主题是"数字时代的旧城更新"，要求参与者去认真观察、调研所熟悉或感兴趣的城市旧城区，设计一个积极介入并影响旧城普通人生活的公共空间，以应对旧城中现存的各种问题。选址位于北京旧城地区，方案没有采用传统的建筑风格，而是通过与传统公共生活和公共空间的关联来回应旧城的主题。

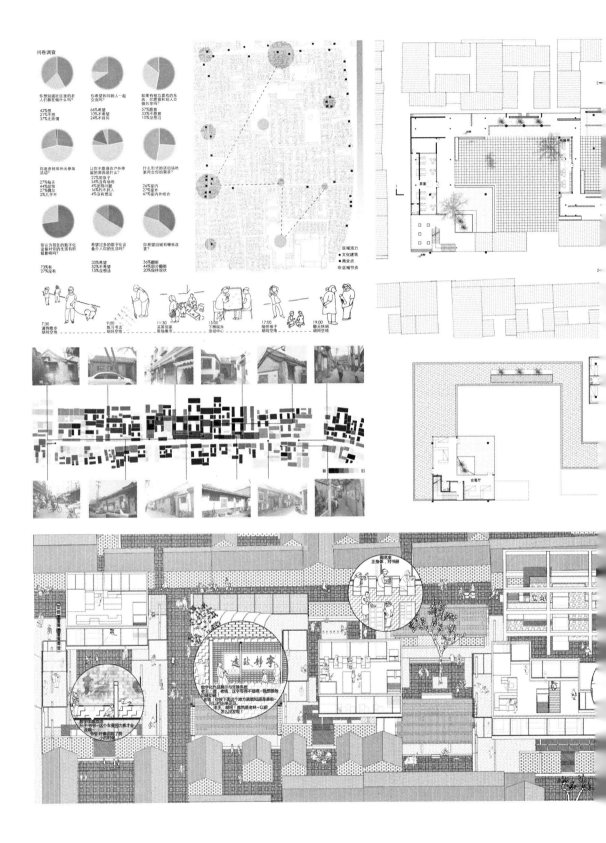

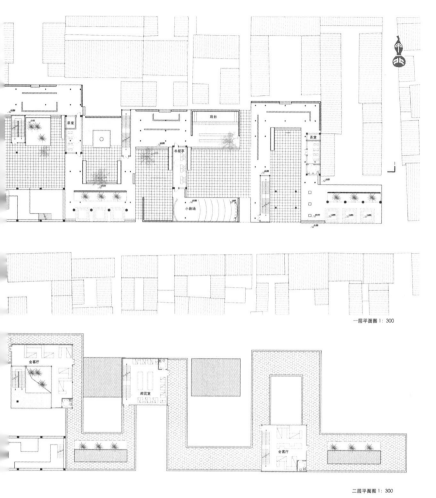

一层平面图 1 : 300

二层平面图 1 : 300

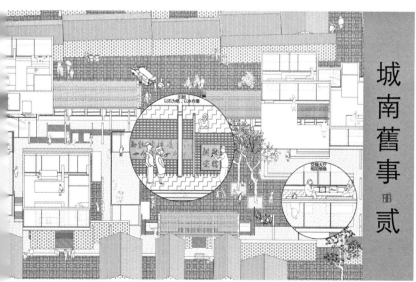

城南舊事·貳

图 4-4（b）
作业题目：2015 年 AUTODESK REVIT 杯全国大学生可持续建筑设计竞赛
年级：三年级下
学生：张雅琪、赵骄阳、周雨晨、何旭
指导教师：王新征、王又佳

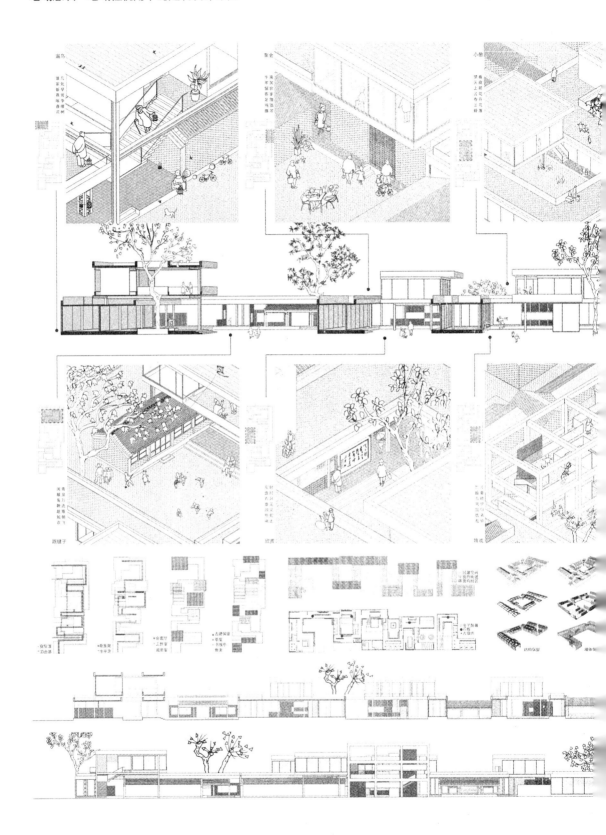

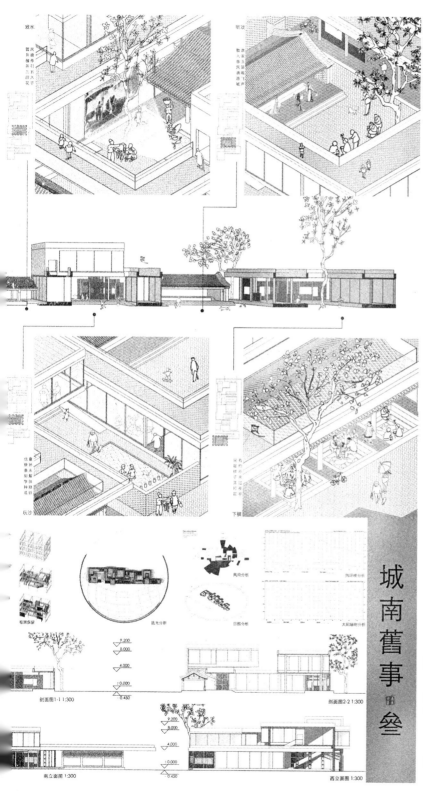

图 4-4（c）

作业题目：2015 年 AUTODESK REVIT 杯全国大学生可持续建筑设计竞赛

年级：三年级下

学生：张雅琪、赵骄阳、周雨晨、何旭

指导教师：王新征、王又佳

第 5 章 | 地域意识、传统意识与乡土意识

正如前文中曾经提到过的，在中国建筑实践和建筑教育的语境中中西问题和古今问题在很大程度上是被混淆在一起的。当人们谈论中国建筑的时候，大多数情况下所指的是中国古建筑而并非是当代的中国建筑。这实际上说明了迄今为止无论是在建筑师群体中还是在社会层面，对于"当代中国建筑"尚未形成清晰的概念。作为这种状况在建筑实践当中的反映，大多数与地域性相关的建筑创作在手法上均与传统建筑之间有较为直接的关联。不论是从屋顶形式和装饰纹样转向对空间的重视，还是对结构、材料和构造的愈加关注，近年来中国地域性建筑创作的发展，实际上也大多源自于对传统建筑认识的深入和解读视角的丰富。这种状况在与地域性有关的建筑设计课程作业中也有一定的反映。

同时，"中国建筑"的主题仅仅代表了中国建筑地域性外在的一个方面，即在与其他文明和建筑传统中的建筑进行比较时所体现出的独特性和差异性。被作为一个统一整体的中国建筑，人们更关注其共性的方面，其内在的地域性则在很大程度上被忽略了。但对于建筑与自然、社会和文化环境的关系而言，从最小空间范畴内的"地点性"开始，每一个层面的地域性都是有意义的，相对于大一统的"中国性"而言，各地域之间的差异和独特性在很多情况下甚至更为重要。但在地域性建筑的设计手法相对单一化并主要集中于与传统建筑语言建立某种关联的情况下，想要清楚地界定出某种区别于"中国建筑"的地域建筑是非常困难的。事实上，除了部分少数民族地区外，各个地区的地域性建筑之间虽然并非毫无区别，但也存在相当比重的同质化现象。

此外，伴随着近年来政府力量主导下的乡村建设的大规模开展，乡村建筑成为地域性建筑创作中非常重要的一个组成部分。乡村建筑通常规模较小，功能简单，室内物理环境要求低，因此对材料、结构、构造的宽容度较高，加之相当一部分乡村建筑的建造实际上并不受现有建筑法规、规范的制约，给建筑师的创作提供了更大的自由度。因此，在近期的地域性建筑实践中，乡村建筑无论是在数量上，还是在设计行业内部的关注程度上，都超过了城市建筑，成为地域性建筑最主要的实践领域。而在对具体设计手法的影响方面，则表现为对乡土建筑设计语言的关注，一方面，原有乡土建筑的改造占据了此类实践中相当的比重，另一方面，很多乡村中仍然有大量的乡土建筑留存并仍然在被使用，从而为新建项目提供了清晰的背景。从积极的方面看，乡土建筑与地域的自然、社会和文化环境之间天然就具有较为密切的联系，与乡土建筑的关联性一定程度上使得这一类建筑创作能够对地域性特征作出更为精确的应答，也相对更有利于避免地域之间的同质化倾向。但另一方面，乡村建筑创作实践环境的相对宽松也使得建筑师更容易将乡村视为一个舒适的庇护所，从而进一步逃避城市环境中地域性建筑创作的复杂性。对于建筑教育来说，也容易使学生产生地域性与乡村环境存在天然联系的错觉。

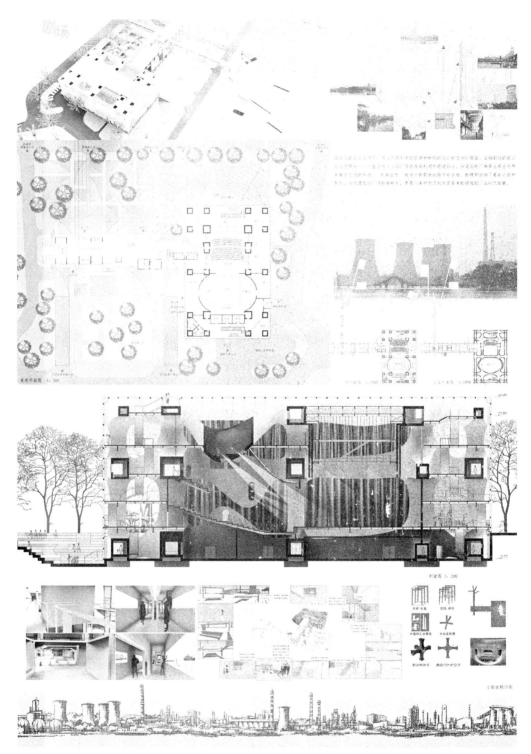

图 5-1

作业题目：剧场设计　年级：三年级下　学生：潜洋　指导教师：王新征、王又佳

"匡合杯" 2014 年中国建筑新人赛暨第三届 "亚洲建筑新人赛" 中国区入围奖

设计题目选址位于北京市石景山区首钢工业园区，地段内有一座废弃的工业厂房，且邻近园区晾水池，作业体现了对这一特定设计场地的 "地点性" 的关注。

浙江省兰溪市黄湓村村落有机更新规划与建筑设计01
——总体规划设计

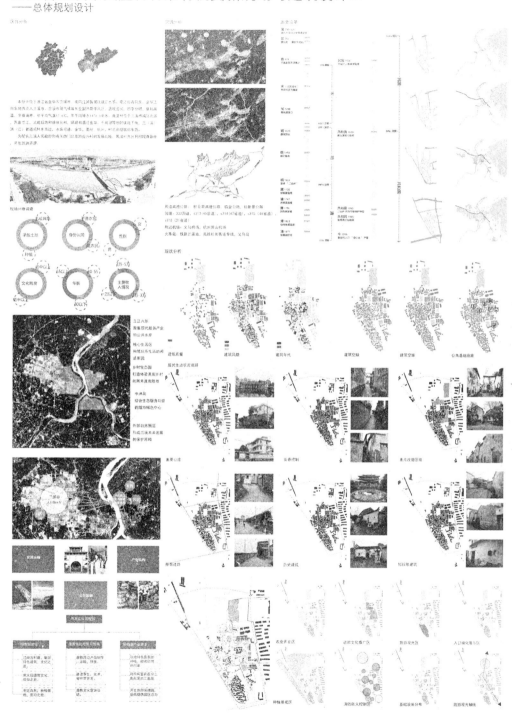

图 5-2（a）

作业题目：毕业设计　年级：五年级下

学生：张艺喆、潜洋、蒋思宇　指导教师：王新征、潘明率、杨绪波、钱毅、李婧

设计题目选址位于浙江省兰溪市黄湓村，以村落有机更新为目标，设计任务包括规划、景观设计、建筑设计、建筑改造。

浙江省兰溪市黄盆村村落有机更新规划与建筑设计02
——总平面图、交通系统、建筑和黄大仙宫改造计划

设计说明：

黄盆村的发展定位为在道教文化庇护下发展旅游业和特色产品零售业。现在，旅游者通过黄大仙宫的道路主要为村东侧制的公路，可以直达黄大仙宫东门，村南联有通往金角大仙的引桥一线，已经修到至丽丽墙西侧。规划将此段引桥加以利用，使引桥和环村道路相连，并在部前墙以西修建停车场和小广场。形成游客进入黄盆村的另一个入口，为村内的零售、餐饮、民宿等带来客流，在黄大仙宫的新建道路内，既为进入黄大仙宫故居形前导空间，又有效形成了视线通路。通过对基地的勘察和风水分析，规划在黄大仙宫计划建设用地建造一组坐北朝南的建筑，形成新的主轴线，同时重朗钢开山门，改善了风水，同时将游客引到黄大仙宫前先进入古村，避免了新村客居性宅在建筑景观和气氛上与黄大仙宫形成的矛盾。

黄大仙宫风水分析：

兰江流过黄盆村之西，兑水、主和温怡仙，有财富。黄大仙宫基地东北高，西南低，为昆山峰水，适合道观佛寺修行之所。

中国大部分寺庙都是坐北朝南的，传统风水学为吉祥的布局中为：坐北向前、坐东向西、坐南向北、坐西向东。而因在黄大仙宫的坐向为为东方的坐西向东，属于坐在台庚矢上，可以改变黄大仙宫的坐向以化解风水上的不利。在我国，传统的宗教建筑虽然有着一些规划多重庭院轴线布局，但也有在长期发展中形成多轴线或自由院落布局的先例。北京八大处的灵光寺和山西晋祠可以作为参考的实例。

灵光寺

灵光寺创建于唐代大历年间，坊名虎泉寺。辽道宗咸雍七年为供奉佛牙舍利建造了招仙塔，现仅存塔基，明宣宗正统年间对该寺各殿木材扩建填有后，始改今名。清光绪二十六年，灵光寺到大部分毁于八国联军侵占，重建后，灵光寺山门朝向墙东南，山门前供奉舍堂是招佛殿堂祭修造建，为像殿朝王疆座，及为寺内原有主法堂「太怒院」、「塔院」三令题罗。在西约千年冷叠之后，形成了如今无明显轴线的，因山势自由布局的样貌。

晋祠

初名唐叔虞祠树，是为纪念晋国开国诸侯唐叔虞而建，始建于北魏之前，之后历代有所修建后才建，现主殿天保年间（550-559年）扩建筑「大起楼阁，穿筑池塘」，隋开皇年间（581—600年），在同区西南方增建舍利生塔。宋太宗赵光义在后始大天太木，宋仁宗赵祯为像殿是了昭穆圣人崇奉和圣母邑唐叔虞之母圣母而建主殿，此后，随连顺从，增建舍利塔，仍水的小中轴线绿建殿宗复次第的变，晋祠是圣母殿为主的中轴线配殿物然次第变，固的原建殿堂，倒是不肯处，退处十二宗的位置。于是下晋祠殿圣母水的源头，人们为祝行自生活息息相关间，视为生命之源的水泉之处，有恋神仙显和坐楼，推是一起配寺若，并在昏水潭泉永迎永母娘，碑之量泰，经过历代的更种，晋祠形成了如今以水的多轴地线和自由院落结合的布局形式。

图 5-2（b）

作业题目：毕业设计　年级：五年级下

学生：张艺喆、潜洋、蒋思宇　指导教师：王新征、潘明率、杨绪波、钱毅、李婧

浙江省兰溪市黄溢村村落有机更新规划与建筑设计03
——沿江景观带设计

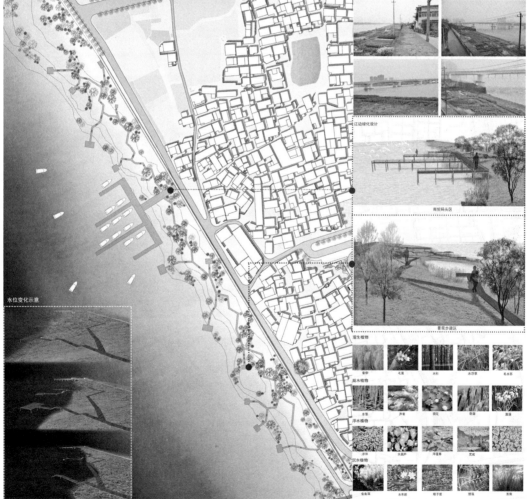

图 5-2（c）

作业题目：毕业设计　年级：五年级下

学生：张艺喆、潜洋、蒋思宇　指导教师：王新征、潘明率、杨绪波、钱毅、李婧

浙江省兰溪市黄盆村村落有机更新规划与建筑设计04
—— 古村街巷面貌改造计划

图 5-2（d）

作业题目：毕业设计　年级：五年级下
学生：张艺喆、潜洋、蒋思宇　指导教师：王新征、潘明率、杨绪波、钱毅、李婧

浙江省兰溪市黄湓村村落有机更新规划与建筑设计05
——游客中心及菜市场设计

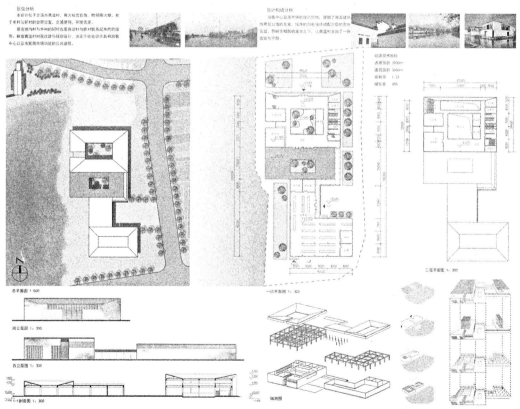

图 5-2（e）

　　作业题目：毕业设计　　年级：五年级下
　　学生：张艺喆、潘洋、蒋思宇　　指导教师：王新征、潘明率、杨绪波、钱毅、李婧

浙江省兰溪市黄湓村村落有机更新规划与建筑设计06
——工厂改造设计

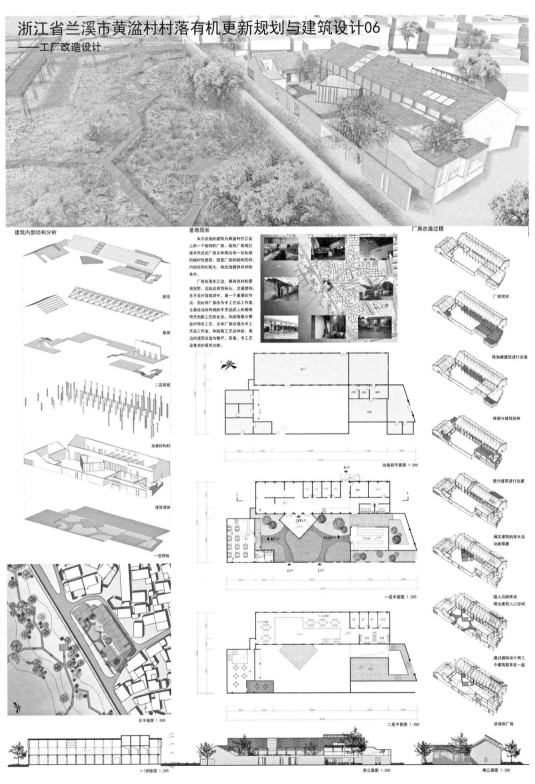

图 5-2 (f)

作业题目：毕业设计　年级：五年级下

学生：张艺喆、潜洋、蒋思宇　指导教师：王新征、潘明率、杨绪波、钱毅、李婧

图 5-2（g）

作业题目：毕业设计　年级：五年级下
学生：张艺喆、潜洋、蒋思宇　指导教师：王新征、潘明率、杨绪波、钱毅、李婧

浙江省兰溪市黄溢村村落有机更新规划与建筑设计08
——种植园单体改造设计

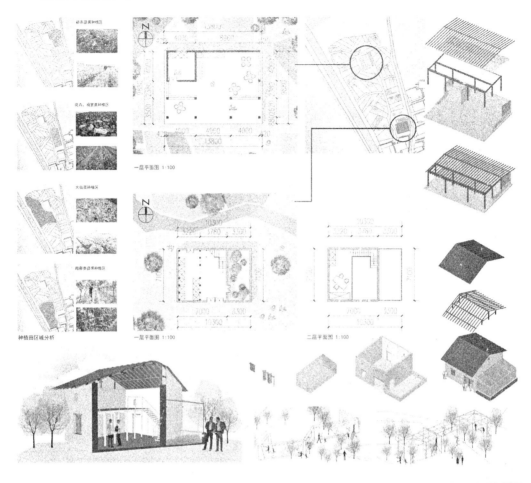

图5-2（h）

作业题目：毕业设计　年级：五年级下
学生：张艺喆、潜洋、蒋思宇　指导教师：王新征、潘明率、杨绪波、钱毅、李婧

浙江省兰溪市黄溢村 村落有机更新规划与建筑设计09
——民居单体改造设计

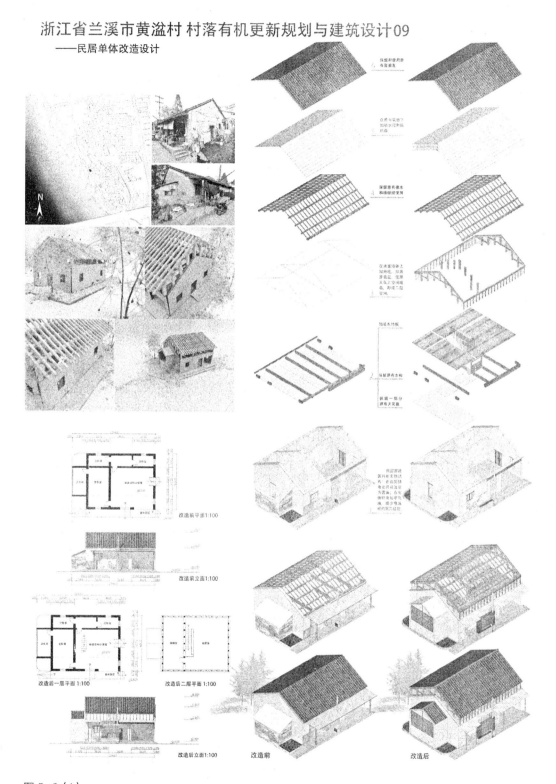

图 5-2 (i)

作业题目:毕业设计　年级:五年级下

学生:张艺喆、潜洋、蒋思宇　指导教师:王新征、潘明率、杨绪波、钱毅、李婧

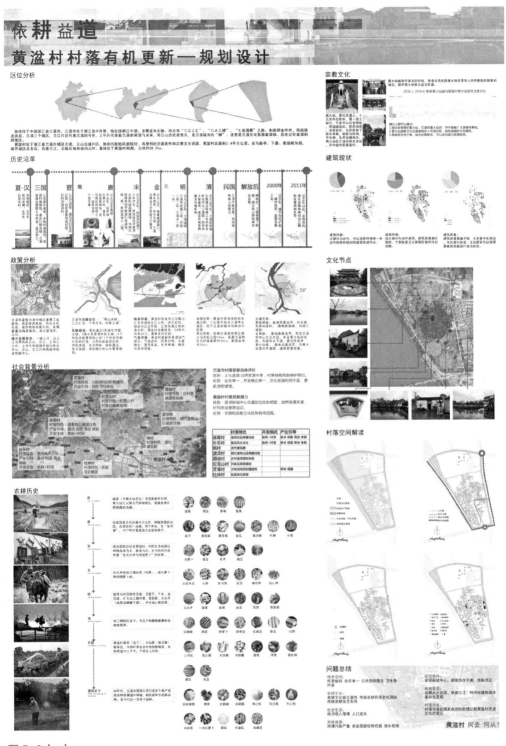

图 5-3（a）

作业题目：毕业设计　年级：五年级下　学生：秦子葳、杨茹、骆凯、郑李兴、修琳洁、王婧雅

指导教师：王新征、钱毅、李婧、潘明率、杨绪波

设计题目选址位于浙江省兰溪市黄湓村，以村落有机更新为目标，设计任务包括规划、景观设计、建筑设计、建筑改造。

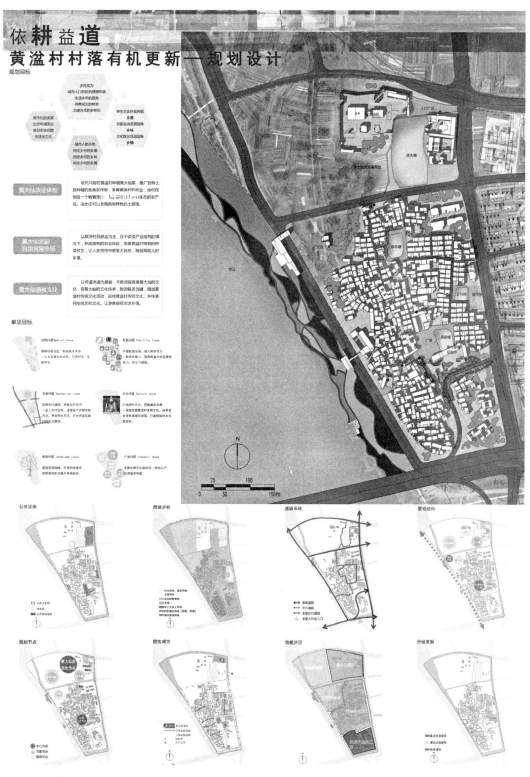

图5-3（b）

作业题目：毕业设计　年级：五年级下　学生：秦子葳、杨茹、骆凯、郑李兴、修琳洁、王婧雅

指导教师：王新征、钱毅、李婧、潘明率、杨绪波

图 5-3（c）

作业题目：毕业设计　年级：五年级下　学生：秦子葳、杨茹、骆凯、郑李兴、修琳洁、王婧雅

指导教师：王新征、钱毅、李婧、潘明率、杨绪波

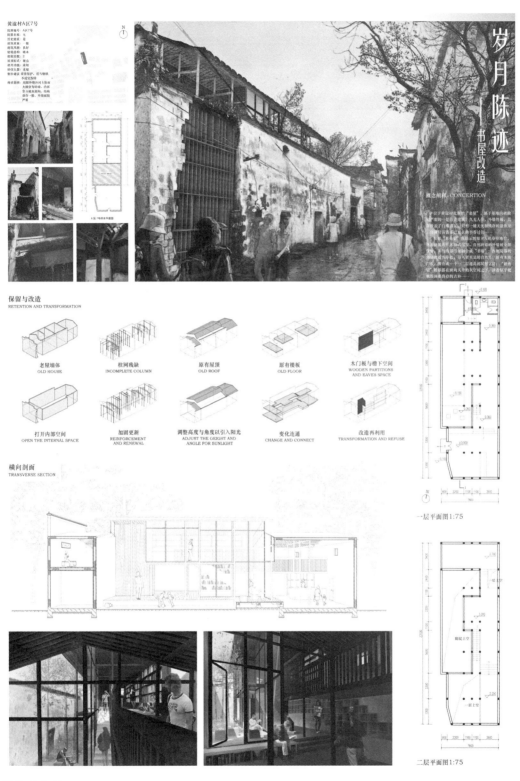

图 5-3（d）

作业题目：毕业设计　年级：五年级下　学生：秦子葳、杨茹、骆凯、郑李兴、修琳洁、王婧雅
指导教师：王新征、钱毅、李婧、潘明率、杨绪波

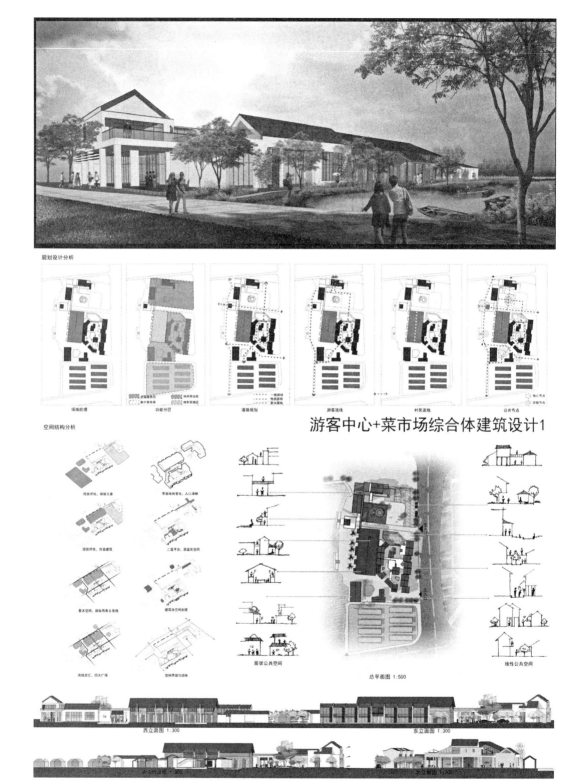

图 5-3（e）

作业题目：毕业设计　年级：五年级下　学生：秦子葳、杨茹、骆凯、郑李兴、修琳洁、王婧雅

指导教师：王新征、钱毅、李婧、潘明率、杨绪波

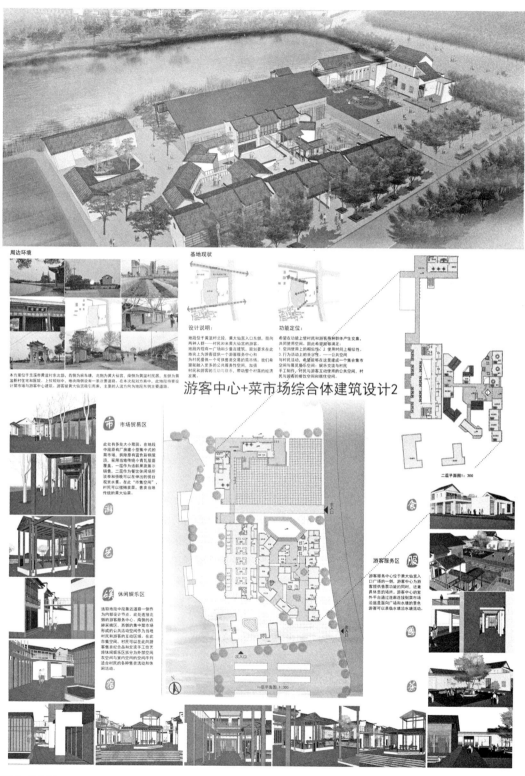

图 5-3（f）

作业题目：毕业设计　年级：五年级下　学生：秦子葳、杨茹、骆凯、郑李兴、修琳洁、王婧雅

指导教师：王新征、钱毅、李婧、潘明率、杨绪波

图 5-3（g）

作业题目：毕业设计　年级：五年级下　学生：秦子葳、杨茹、骆凯、郑李兴、修琳洁、王婧雅

指导教师：王新征、钱毅、李婧、潘明率、杨绪波

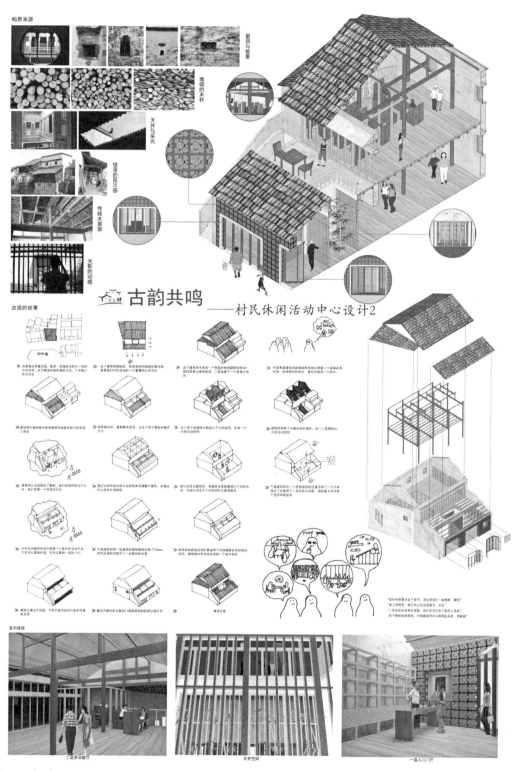

图 5-3（h）

作业题目：毕业设计　年级：五年级下　学生：秦子葳、杨茹、骆凯、郑李兴、修琳洁、王婧雅

指导教师：王新征、钱毅、李婧、潘明率、杨绪波

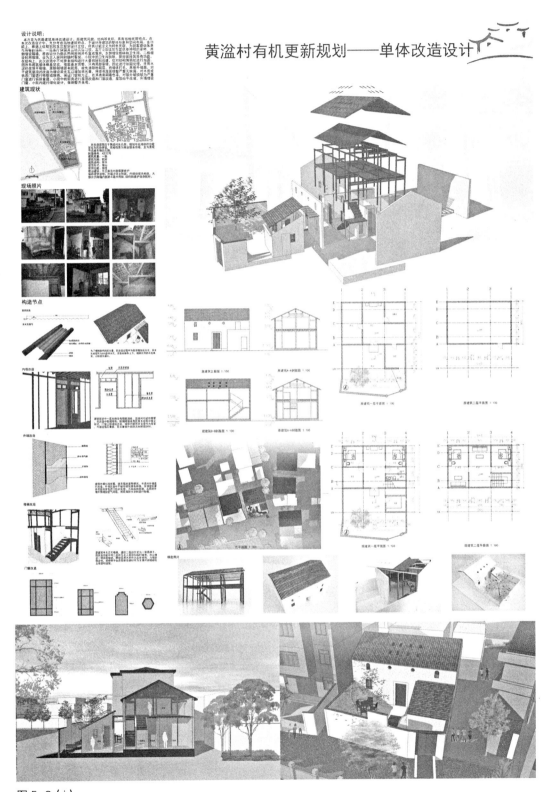

图 5-3（i）

作业题目：毕业设计　年级：五年级下　学生：秦子葳、杨茹、骆凯、郑李兴、修琳洁、王婧雅

指导教师：王新征、钱毅、李婧、潘明率、杨绪波

图 5-4（a）

作业题目：民宿改造　年级：五年级上

学生：刘玉倩、骆路遥、苗菁、孙艺畅　指导教师：王新征、王又佳

2017 年水墨·盐津六校联合设计工作营佳作奖

设计题目选址位于云南省昭通市盐津县落雁乡和牛寨乡，要求提供具有可实施性的民宿设计方案，将现状民宅改造为民宿。

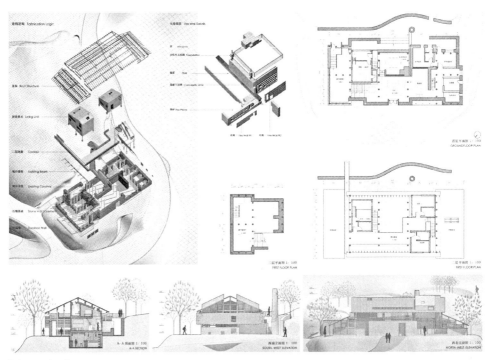

图 5-4（b）

　　作业题目：民宿改造　年级：五年级上
　　学生：刘玉倩、骆路遥、苗菁、孙艺畅　指导教师：王新征、王又佳

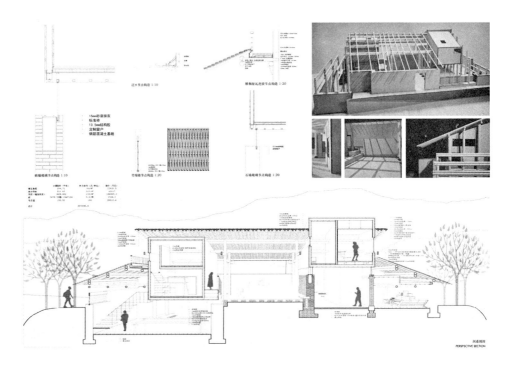

图 5-4（c）

　　作业题目：民宿改造　年级：五年级上
　　学生：刘玉倩、骆路遥、苗菁、孙艺畅　指导教师：王新征、王又佳

第6章 | 地域形式

　　无论其出发点和理念如何，建筑创作最终仍不可避免会涉及具体的形式问题。尽管对功能、形式、安全以及经济性的统筹是建筑学的基本内容，但建筑的形式和审美价值仍然得到最多的关注，即使是诸如低能耗建筑之类更为技术化的设计取向也不得不面对这样的问题，原本就与建筑的形式与风格问题直接相关的地域性建筑自然更需要对形式问题给出明确的回答。总体上看，当代中国地域性建筑创作的形式语言大体上集中于如下几个方面，这同样也体现在与地域性相关的课程设计当中。

　　首先，对屋顶形式的关注仍然占据相当的比重。在近代以来传统建筑现代化和现代建筑中国化最初的尝试中对屋顶形式的关注就占据了重要的地位。虽然其后在城市建筑中，特别是高层建筑中的应用一度被认为是不成功的做法，但近年来随着乡村建设的热潮重新又成为地域性建筑创作中重要的形式语言。同时伴随着对各地乡土建筑认识的深入，坡屋面的形式来源也从单纯参照传统官式建筑发展为对各地域乡土建筑之间的差异和独有的特征以及其与地域自然、社会和文化条件之间关联性的深入解析，从而与地域建筑传统之间建立起更为紧密的联系。

　　其次，合院式的空间组织形式是中国地域性建筑诸设计语言中相对争议最少的一种。特别是自20世纪80年代以来，随着对西方建筑理论的翻译引介工作的大规模展开，作为现代主义建筑运动核心之一的空间理论更为完整地呈现在国内学术界的视野之中。在这种背景下，研究合院形态等中国传统建筑的空间组织方式并将其应用于当代建筑实践被认为是一种有效地结合中国传统建筑形态和当代主流建筑理论及创作方法的设计理念。在这类建筑创作发展的过程中同样出现过较为粗放的阶段，一方面夸大中国建筑合院形态的独特性，另一方面将合院形式应用于当代建筑时采用过于简单化的处理，这一定程度上降低了这类设计语言的说服力。但总体上看，采用合院式形态来体现地域性特征，无论在职业建筑师群体中还是建筑学学生中都达成了较高程度的共识。

　　最后，对结构、材料、构造等建造环节的重视也是近年来地域性建筑实践的重要内容。建筑材料与地域的自然气候和资源状况有紧密的联系，而结构和构造同时又与地域的经济、技术乃至文化特征密切相关。同时，乡土建筑的建造环节还被与成本控制、公众参与、可持续发展等当下流行的建筑观念联系起来，从而受到建筑师群体的欢迎。但也要注意到，出于对形式原创性的重视，建筑师在强调建筑创作与地域性和乡土性存在紧密的联系的同时，也经常将这种地域性和乡土性植根于某种想象中而非现实的乡土环境，同时也无法摆脱流行形式的影响。在具体的形式语言上，很多时候可以被视为流行风格与地域传统形式某种程度上的混合，同时对地域传统形式的使用倾向于陌生化的手法。建筑师基于职业的本能，往往高度重视工艺，强调甚至夸大地域传统建造工艺的水平，但在形式的实现上仍依赖于现代工艺。在材料的选择上，对木材、石材、黏土砖、生土、小青瓦等传统乡土材料和混凝土、钢材、玻璃等现代材料几乎抱有相同的热爱，但对于面砖、彩钢板、混凝土空心砌块、机平瓦等当代乡土建筑中最为常见的材料却通常持激烈的批评态度。

图 6-1（a）

作业题目：毕业设计　年级：五年级下　学生：白雪悦　指导教师：王新征

设计题目选址位于北京市房山区水峪村。设计尊重原有的聚落形态，通过建筑的增建、改建，完善村落功能。在建筑风格方面采用了简化的坡屋顶形式，力图同时实现聚落风貌的协调和新旧建筑的清晰对比。在图纸表达方面采用了散点透视和带有传统意味的表现方式。

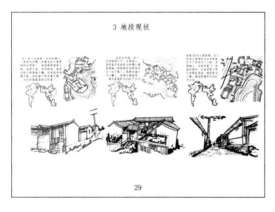

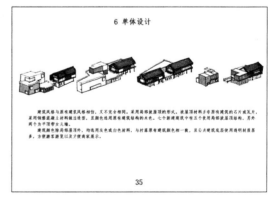

图 6-1（b）

作业题目：毕业设计　年级：五年级下　学生：白雪悦　指导教师：王新征

图纸节选

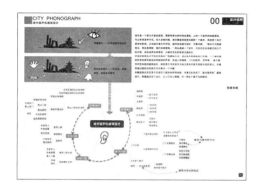

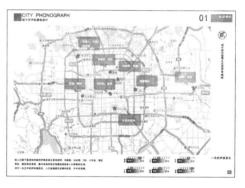
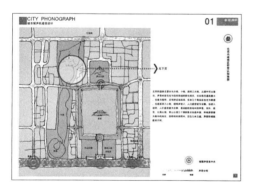
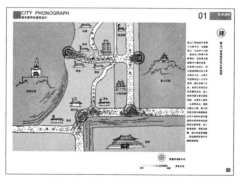
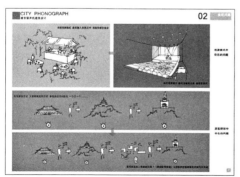
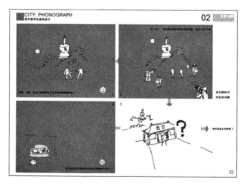

图 6-2（a）

作业题目：毕业设计　年级：五年级下　学生：张一梦　指导教师：王新征

在北京内城具有强烈地域性特征的设计地段中，作业选择了以合院式的空间组织形式来协调建筑与周边环境的关系，同时，对于城市中听觉体验的关注赋予了方案较之于单纯视觉形式更为强烈的场所感。

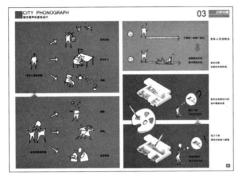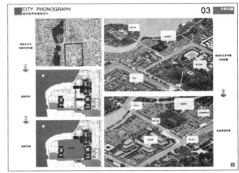

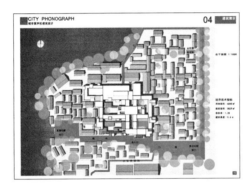

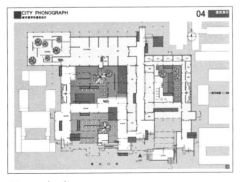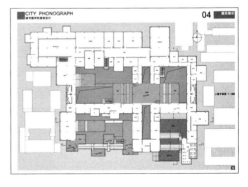

图6-2（b）

作业题目：毕业设计　年级：五年级下　学生：张一梦　指导教师：王新征

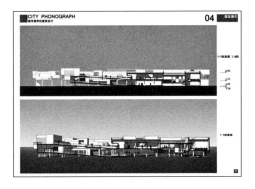
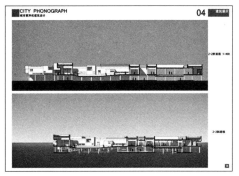

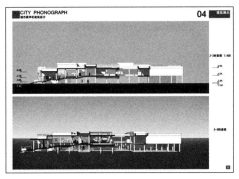
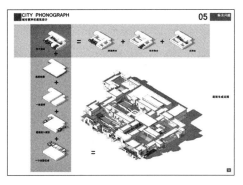

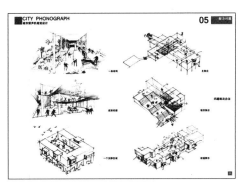
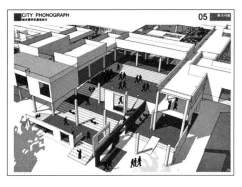

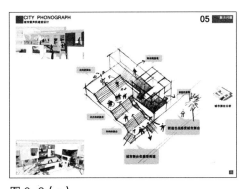
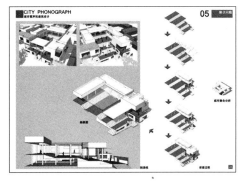

图 6-2（c）

作业题目：毕业设计　年级：五年级下　学生：张一梦　指导教师：王新征

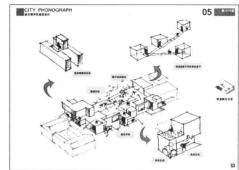

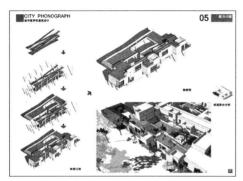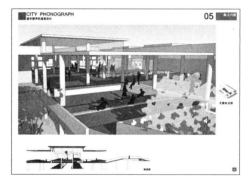

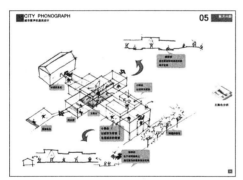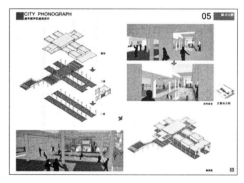

图6-2（d）

作业题目：毕业设计　年级：五年级下　学生：张一梦　指导教师：王新征

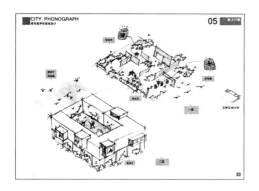

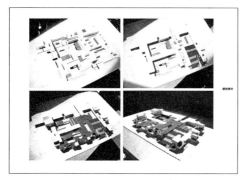

图 6-2（e）

　　作业题目：毕业设计　年级：五年级下　学生：张一梦　指导教师：王新征

第 7 章 | 结语　四个问题

本书记录了本校建筑学专业设计课程作业中与地域性相关的若干侧面，目的并非单纯评价教学和作业本身的优劣，而是希望借此引发对建筑学教育中地域性问题的一些思考。同时，我们希望这种思考超越简单的价值判断，真正涉及地域性问题在当代建筑教育中所扮演的角色以及与整个建筑学体系之间的关系。

首先，当代建筑教育中地域性问题的基础是如何构建起来的。从理论上，无论是在职业实践还是建筑教育领域，一种最理想的状态当然是地域性从一种传统的延续和文化的自觉的基础上自然地生发出来，但是这样的基础在当代中国显然并不存在。那么又如何去理解教与学双方面对地域性问题的兴趣呢？仅仅是一种带有个人情感色彩的热爱，还是来自于意识形态、教育以及媒体力量的潜移默化，又或是一种审时度势的职业选择，甚至是一种新的职业投机——正如在设计实践领域部分存在的那样？

其次，设计课程的训练能够以何种方式以及在多大程度上影响学生的地域意识。地域性是可以被传授的么？或者说，当我们谈论相关的课程教育对学生的影响时，实际上是在期待什么？是希望激发出学生个体或者群体的一种地域自觉，还是仅仅希望培养一种未来面对多样化的文化环境时能够应对自如的职业能力？前者无疑超出了建筑学教育的能力所及，甚至其职业正当性也存在可被质疑之处。而如果答案是后者的话，我们是否正在为一种单纯的技能训练附加了过多的文化、道德和意识形态色彩？

再次，设计课程中的地域性内容是否能够超越单纯的手法训练。地域性设计的手法化倾向无疑是一个很明显的问题，或者也许应该说，以形式创造为导向的建筑理念都会面临同样的问题，而差别则在于这种被固化的手法能够与建筑理念有效结合，还是流于一种概念化的、标签式的空泛。即使是在职业建筑师的实践领域，这种标签化的地域建筑设计手法也是一种普遍的现象，而对于本来就将设计手法训练作为重要目标的本科建筑教育来说，这种手法化的倾向可能就更加无法避免，特别是在无法建立一种真正的文化和审美自觉的情况下。

最后，设计课程的训练与学生未来的职业实践之间存在多大距离。现有设计课程中的地域性相关内容主要集中于乡村建筑、中小型建筑以及文化功能的建筑类型，而学生毕业后的职业实践则更多地集中于城市中的居住类和商业类建筑。在这种情况下，设计训练的有效性和适应性显然会成为一个问题。实际上，在建筑实践领域这个问题同样存在，即使在今天地域建筑、本土建筑、中式建筑等类似的概念已经至少在观念领域取得一定共识的情况下，相关实践的覆盖范围在空间和类型上仍是非常有限的。

致　谢

　　感谢所有参与本书相关设计课程的同学，包括作业受限于篇幅未能收录的同学。教学实录丛书是学生的舞台，除此而外，皆为虚妄。本书中对作业的点评，并未一一征询意见，因此未必能够代表设计者的本意。

　　感谢丛书主编贾东老师。本书的完成，得到了贾老师的大力支持和督促。

　　感谢迄今近15年建筑设计课程教学中的合作者们，钟声老师、王从安老师、贾东老师、崔轶老师、杨瑞老师、李婧老师、张伟一老师、王卉老师、商振东老师、袁琳老师、张娟老师、王又佳老师、卜德清老师、孟瑶老师、吴正旺老师。如果作业中确能体现教师对学生进步的点滴帮助，应当归功于他们。

　　感谢北方工业大学建筑与艺术学院诸位同事们在本书的写作过程中给予的支持和帮助。

　　感激中国建筑工业出版社的唐旭主任、张华编辑为本书的出版所做出的辛勤工作。

　　本书的研究承蒙教育部人文社会科学研究青年基金项目（15YJCZH177）、北京市社会科学基金项目（15WYC066）、北京市教育委员会科技计划项目（KM201810009015）、北京市教委基本科研业务费项目、北方工业大学人才强校行动计划项目的资助，特此致谢。